THE  TIMES

ULTIMATE KILLER

Su Doku 12

Book

THE ⚜ TIMES
ULTIMATE KILLER
Su Doku 12
Book

Published in 2020 by Times Books

HarperCollins Publishers
Westerhill Road
Bishopbriggs
Glasgow G64 2QT

www.harpercollins.co.uk

HarperCollins*Publishers*
1st Floor, Watermarque Building, Ringsend Road
Dublin 4, Ireland

10 9 8 7 6 5 4 3 2

All puzzles supplied by Puzzler Media

The Times® is a registered trademark of Times Newspapers Limited

ISBN 978-0-00-834293-7

Layout by Puzzler Media

Printed and bound by CPI Group (UK) Ltd, Croydon CR0 4YY.

If you would like to comment on any aspect of this book, please contact us at
the above address or online.
E-mail: puzzles@harpercollins.co.uk

MIX
Paper from
responsible sources
FSC™ C007454

FSC
www.fsc.org

Contents

Introduction

Welcome to the latest edition of *The Times Ultimate Killer Su Doku*. Killers are my personal favourites, and this level is the pinnacle!

Almost every move will be difficult at this level, so do not be put off when it is hard going. The techniques described here are sufficient to solve all the puzzles. As you work through the book, each puzzle will present some new challenges and you just need to think about how to refine your application of the techniques to overcome them. Above all, practice makes perfect in Su Doku.

It is also important to note that the puzzles in this book all use the rule that digits cannot be repeated within a cage. Some puzzle designers allow repeated digits, and you need to be aware of this variation in Killers, but the *Times* puzzles do not.

Cage Integration

You will already know that the sum of all the digits in a row, column or region is 45 so, if as in the bottom right region of Fig. 1 (overleaf), all but one of the cells are in cages that add up to 39, the remaining cell G9 must be 6. This concept can be extended to solve a number of cells and get the puzzle started. It is often the only way to start a Killer at this level, and further progress in the puzzle may well depend on

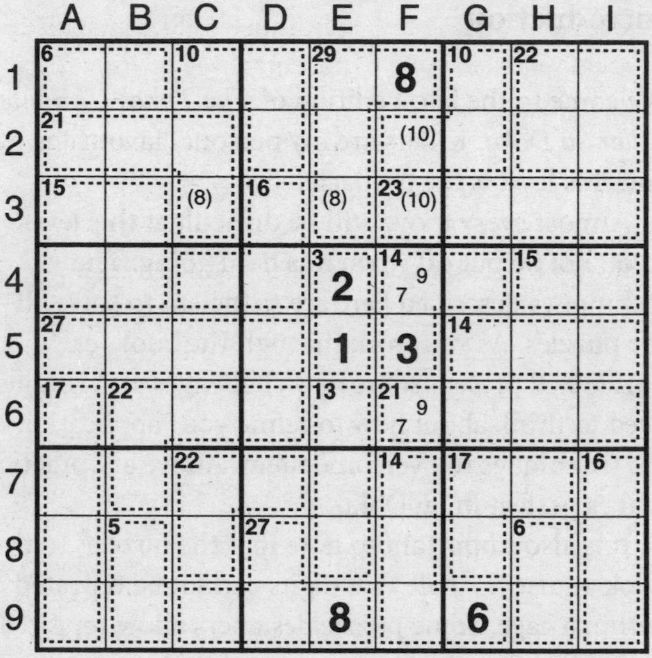

Fig. 1

finding every single cell and pair of cells that can be solved in this way before continuing. The others in Fig. 1 are solved as follows:

- In the top right region, the cages add up to 55. Two cells (F2 and F3) are sticking out, and therefore make up a pair that adds up to 10 – indicated by (10) in each.
- The cages in columns A, B, C and D add up to 188

with E9 sticking out, so it must be 8. It is typical at this level to have to add up three or four rows or columns.

- The 8 in E9 brings the total in column E to 53, so the single cell sticking out of this column in F1 must be 8.
- Row 5 has two long thin cages which add up to 41, leaving a pair (E5 and F5) that must add up to 4, i.e. 1 and 3. As the cage with sum 3 also has to contain 1 (it must contain 1 and 2), E5 must be 1, leaving E4 as 2 and F5 as 3.
- The cages in rows 1 and 2 add up to 98, so the pair sticking out (C3 and E3) must add up to 8.
- Column F can be added up because F1 is solved, F2 and F3 add up to 10, F5 is solved, and F7+F8+F9=8 because they are the remnants of a cage of 14 where the cell that sticks out is already resolved as 6. So F4 and F6 are a pair that add up to 16, for which the only combination of digits is 7 and 9.

The integration technique has now resolved quite a lot of the puzzle, probably more than you expected. To get really good at it, practise visualising the shapes made by joining the cages together, to see where they form a contiguous block with just one or two cells either sticking out or indented. Also, practise sticking with this technique and solving as much as possible before allowing yourself to start using the next ones.

I cannot emphasise enough how much time will be saved later by investing time in thorough integration. You also need to practise your mental arithmetic so that you can add up the cages quickly and accurately.

Combination Elimination

The main constraint in Killers is that only certain combinations of digits are possible within a cage. Easier puzzles rely on cages where only one combination is possible, e.g. 17 in two cells can only be 8+9. At this level, however, there will be very few easy moves, and most cages will have multiple possible combinations of digits. It is necessary to eliminate the combinations that are impossible due to other constraints in order to identify the one combination that is possible. This concept is used to solve the bulk of the puzzle.

It is useful to identify where the possible combinations all contain the same digit or digits, so you know that digit has to be somewhere in the cage. The digit can then be used for scanning and for elimination elsewhere. It is also useful to identify any digit that is not in any of the combinations and so cannot be in the cage.

The most popular multiple combinations are:

Two cell cages	Three cell cages	Four cell cages
5 = 1+4 or 2+3	8 = 1+2+5 or 1+3+4 (always contains 1)	12 = 1+2+3+6 or 1+2+4+5 (always contains 1+2)
6 = 1+5 or 2+4	22 = 9+8+5 or 9+7+6 (always contains 9)	13 = 1+2+3+7 or 1+2+4+6 or 1+3+4+5 (always contains 1)
7 = 1+6 or 2+5 or 3+4		27 = 9+8+7+3 or 9+8+6+4 or 9+7+6+5 (always contains 9)
8 = 1+7 or 2+6 or 3+5		28 = 9+8+7+4 or 9+8+6+5 (always contains 9+8)
9 = 1+8 or 2+7 or 3+6 or 4+5		
10 = 1+9 or 2+8 or 3+7 or 4+6		
11 = 2+9 or 3+8 or 4+7 or 5+6		
12 = 3+9 or 4+8 or 5+7		
13 = 4+9 or 5+8 or 6+7		
14 = 5+9 or 6+8		
15 = 6+9 or 7+8		

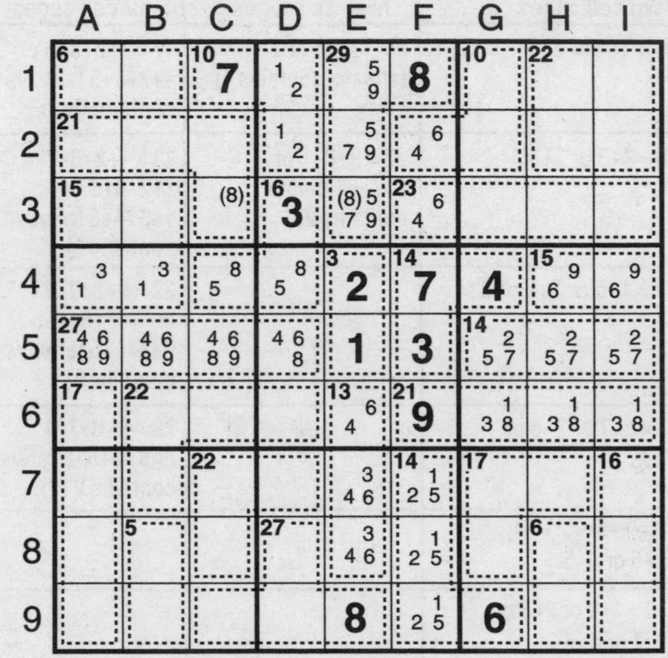

Fig. 2

Working from the last example, the following moves achieve the position in Fig. 2 above:

- F7/F8/F9 form a cage with sum 8; 1+3+4 isn't possible because of the 3 in F5.
- F2/F3 has sum 10 and 4+6 is all that remains in the column.
- Cage A5–D5 cannot be 9+8+7+3 because of the 3 in F5. It cannot be 9+7+6+5 either, because this would leave a 4 in G5–I5, which is not possible

because the region already has a 4 (in G4). So A5–D5 must be 9+8+6+4.

- Cage G5–I5 must therefore be 2+5+7, so cage H4–I4 cannot contain 7 and must be 6+9.
- The remaining empty cells in the centre right region are G6–I6 which must be 1+3+8, so F6 is 9 and F4 is 7.
- E1–E3 must be 5+7+9 because a cage of four cells with sum 29 has only one possible combination. So E6–E8 must be 3+4+6 (but E6 cannot be 3).
- D3 has to be 1 or 2 or 3. It cannot be 1 because this would make C4/D4 a pair with sum 15 and neither of the combinations for this is possible because of the other digits already in row 4. Likewise if D3 is 2 and C4/D4 has sum 14. Therefore, D3 has to be 3, and the only possible combination for C4/D4 is 5+8, with 1+3 in A4/B4.
- D1/D2 are now 1+2, making C1=7.

Getting good at this is rather like learning the times table at school, because you need to learn the combinations off by heart; then you can just look at a cage and the possible combinations will pop into your head, and you can eliminate the ones that are excluded by the presence of other surrounding digits.

	A	B	C	D	E	F	G	H	I
1	[6] 4 2	4 2	[10] 7	1	[29] 9	8	[10] 3	[22] 6 5	6 5
2	[21] 3 8 9	3 8 9	3 8 9	2	5	6	1	7 4	7 4
3	[15] 6 5	6 5	1	[16] 3	7	[23] 4	2 9	2 8 9	2 8 9
4	3 1	3 1	8 5	8 5	[3] 2	[14] 7	4	[15] 9 6	9 6
5	[27] 4 6 8 9	4 6 8 9	4 6 8 9	4 6 8	1	3	[14] 2 5 7	2 5 7	2 5 7
6	[17]	[22]			[13] 4 6	[21] 9	8	3 1	3 1
7			[22] 9 6	7	3 4 6	[14] 1 2 5	[17]		[16]
8		[5]	9 6	[27] 6	3 4 6	1 2 5		[6]	
9			4	9	8	2 5 1	6		

Fig. 3

Further Combination Elimination

To show a number of the steps from Fig. 2 to Fig. 3 above:

- Go back to the fact that C3+E3=8, as marked by the (8) symbols; E3 can only be 5, 7 or 9. E3 cannot be 9, as this would require C3 to be −1. It cannot be 5 either, because D3 is 3. So the only possible combination is C3=1 and E3=7.

- As C3=1, the cage A1–B1 can only be 2+4, which also resolves D1 and D2.
- A3+B3=11, for which the only combination now possible is 5+6; which makes F3=4 and F2=6, so G3–I3 is 2+8+9.
- The cage C7/C8/D7 can only be 9+8+5 or 9+7+6, but if it were 9+8+5 then D7 would have to be 9, because 5 and 8 are already in the bottom centre region; so C7/C8 would have to be 5+8, which is not possible because C4 is also 5 or 8. So D7=7 (because column C already has a 7) and C7/C8 is 6+9.
- The adjoining cage, C9/D8/D9/E9, contains 8+9 and either 3+7 or 4+6, but it cannot contain 7, so it must be 8+9+4+6.

The technique used to solve the cage C7/C8/D7 is well worth thinking about, because it is often critical in solving puzzles at this level. C4 can only be 5 or 8, which means that another pair of cells in the same column, C7/C8, could not be 5+8, because this would require three cells (C4/C7/C8) to contain just two digits.

Fig. 4 — Killer Su Doku grid (columns A–I, rows 1–9):

	A	B	C	D	E	F	G	H	I
1	[6] 2	4	[10] 7	1	[29] 9	8	[10] 3	[22] (5 6)	(5 6)
2	[21] 8	9	3	2	5	6	1	(4 7)	(4 7)
3	[15] 6	5	1	[16] 3	7	[23] 4	(2 9)	(2 8 9)	(2 8 9)
4	3	1	5	8	[3] 2	[14] 7	4	[15] (6 9)	(6 9)
5	[27] 9	6	8	4	1	3	[14] (2 5 7)	(2 5 7)	(2 5 7)
6	[17] 4	[22] 7	2	5	[13] 6	[21] 9	8	(1 3)	(1 3)
7		8	[22] 6	7	(3 4)	[14] (1 2 5)	[17] (9)	(9)	[16]
8		[5] (2 3)	9	[27] 6	(3 4)	(1 2 5)		[6]	8
9		(2 3)	4	9	8	(1 2 5)	6		

Inverse Logic

Fig. 4 shows a very interesting situation in the bottom right region – the cage with sum 17 is missing two digits that add up to 8, and so is the cage with sum 16. The possible combinations are 1+7, 2+6 and 3+5, but 2+6 is not possible in either because G9 is already 6, so the 2 must be in the cage H8–H9, making it 2+4. This illustrates another very important technique to think about, the use of inverse logic – not what can go in the cages of 17 and

Ultimate Killer Su Doku

16, but what cannot, i.e. 2. The final breakthrough has now been made, and the puzzle is easily finished.

If you get stuck at any point, and find yourself having to contemplate complex logic to progress, the best way to get going again is to look for cage integration opportunities. It may be that the cells you have resolved have opened up a fresh cage integration opportunity, or that you missed one at the start.

Finally, keep looking out for opportunities to use classic Su Doku moves wherever possible, because they will be relatively easy moves. Good luck, and have fun.

Mike Colloby
UK Puzzle Association

Puzzles

Puzzles

Deadly

🕐 40 minutes

time taken..............................

⏲ 40 minutes

time taken.............................

⏱ 40 minutes

time taken.............................

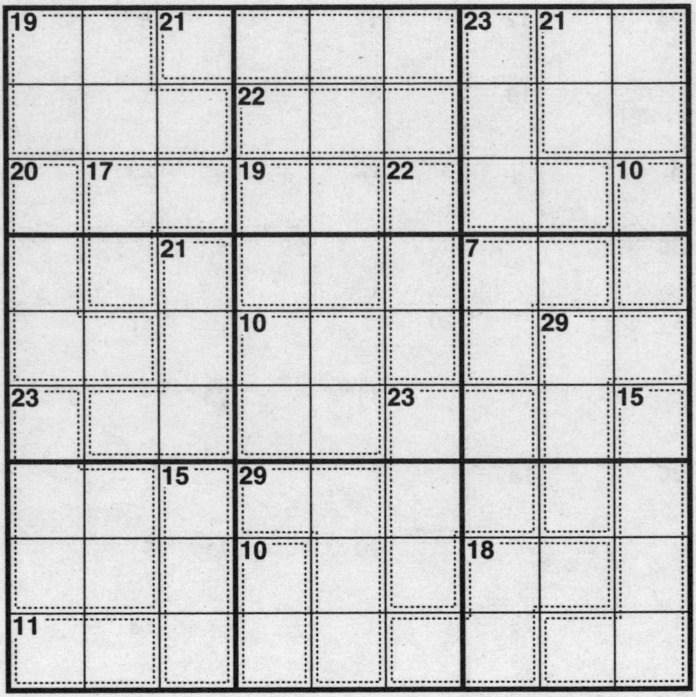

4

⏲ 40 minutes

time taken.............................

🕐 40 minutes

time taken..............................

🕐 40 minutes

time taken..............................

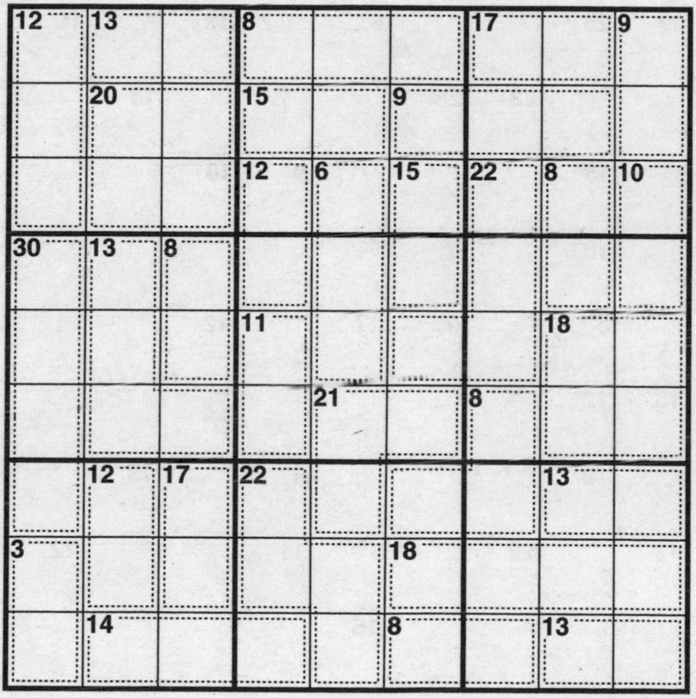

🕐 40 minutes

time taken……………………………

🕐 40 minutes

time taken............................

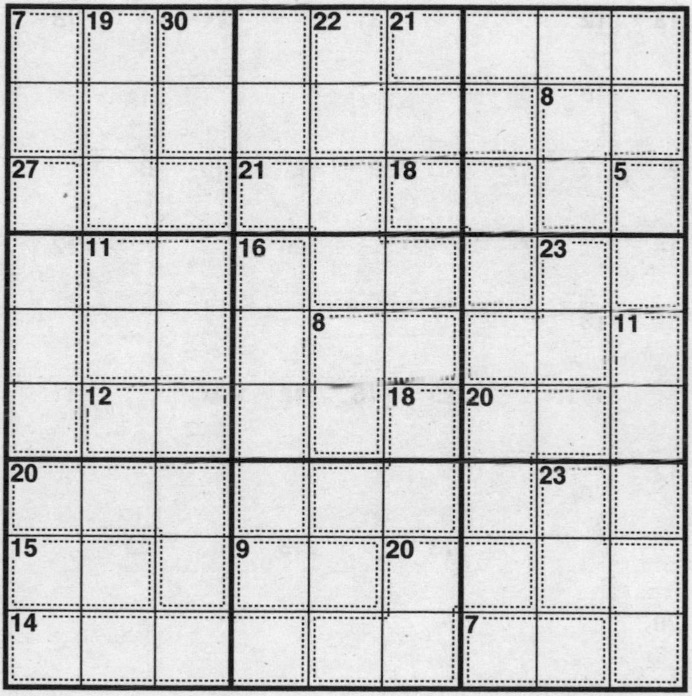

7 19 30 22 21

8

27 21 18 5

11 16 23

8 11

12 18 20

20 23

15 9 20

14 7

🕐 48 minutes

time taken..............................

Deadly

10

🕐 48 minutes

time taken.............................

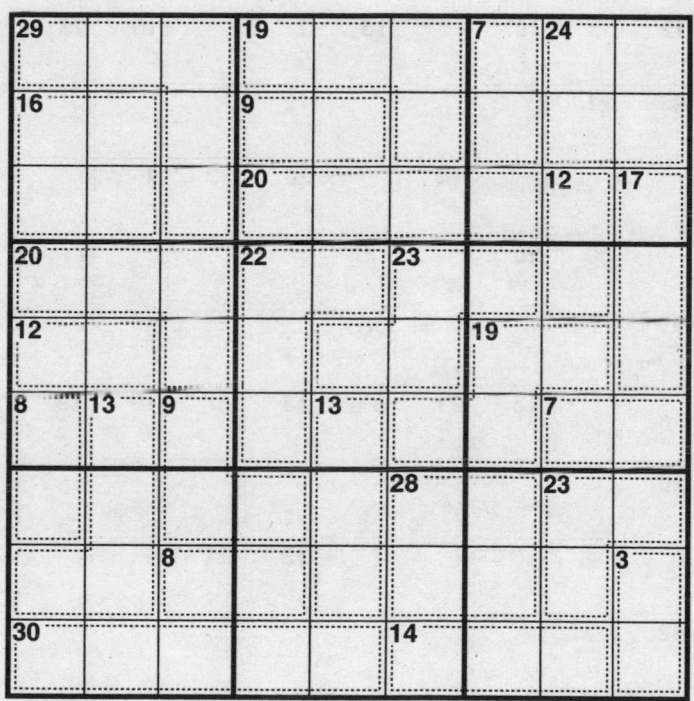

⏱ 48 minutes

time taken.............................

⏱ 48 minutes

time taken.............................

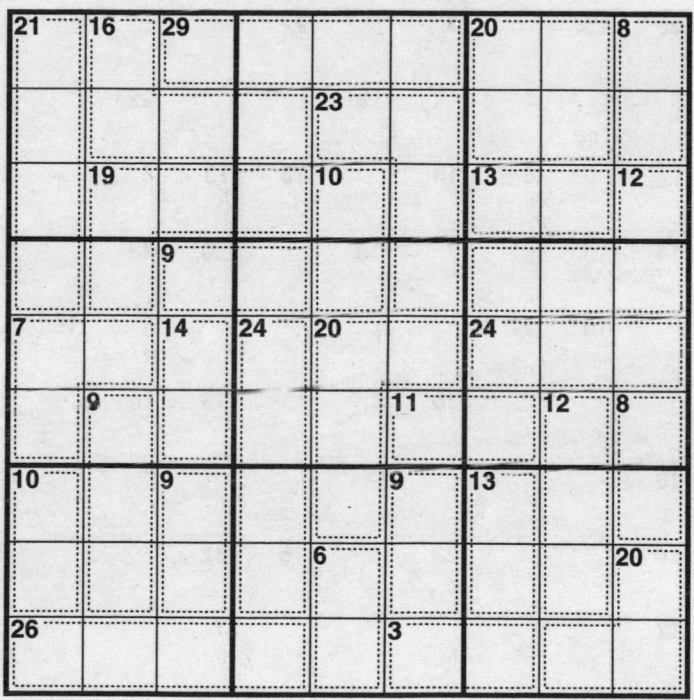

🕐 48 minutes

time taken.............................

Deadly

14

🕐 48 minutes

time taken................................

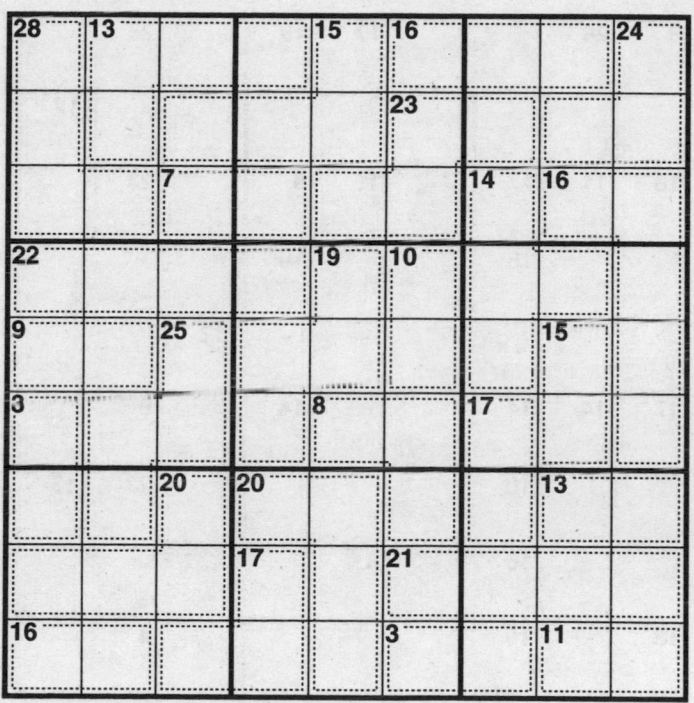

🕐 48 minutes

time taken...............................

🕐 48 minutes

time taken.............................

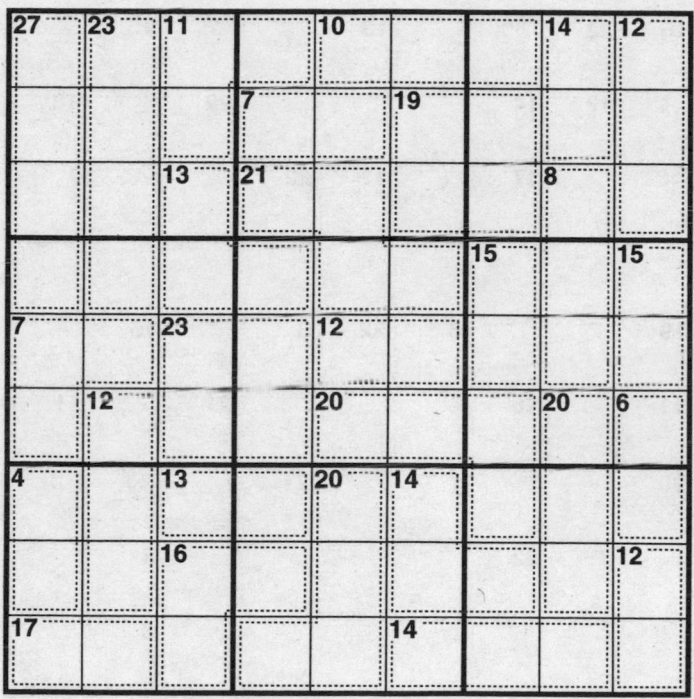

🕐 48 minutes

time taken...............................

Deadly

⏲ 48 minutes

time taken.............................

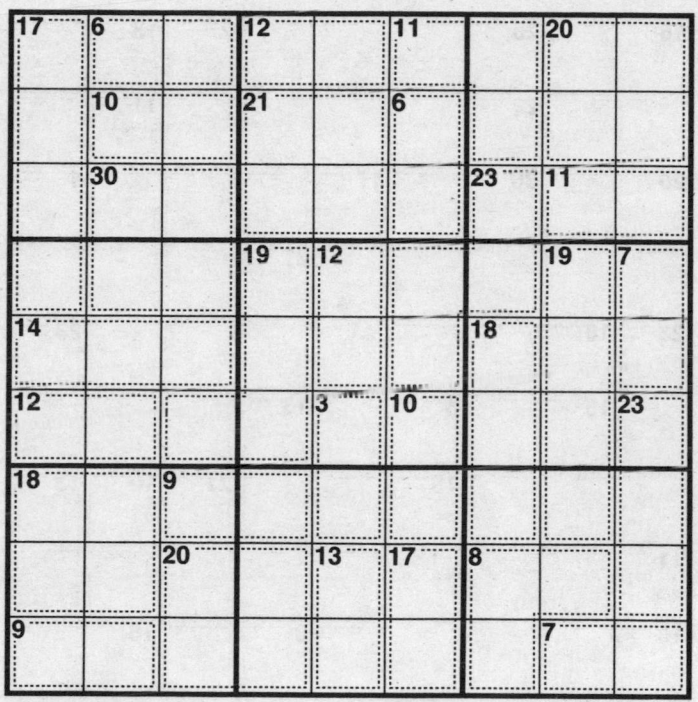

⏱ 48 minutes

time taken...............................

🕐 48 minutes

time taken.............................

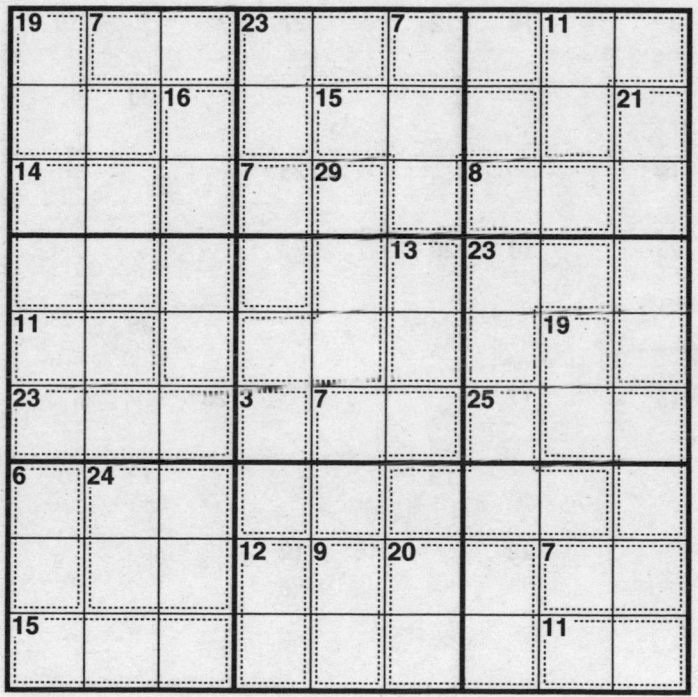

🕐 48 minutes

time taken.............................

Deadly

(L) 48 minutes

time taken.............................

🕐 48 minutes

time taken..............................

🕐 48 minutes

time taken..............................

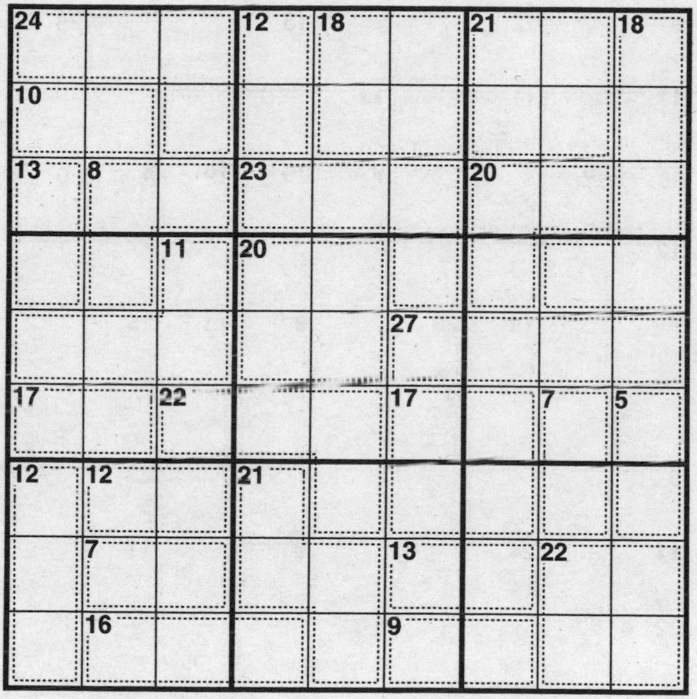

24			12	18		21		18
10								
13	8		23			20		
		11	20					
					27			
17		22			17		7	5
12	12		21					
	7				13		22	
	16				9			

🕐 48 minutes

time taken.............................

Deadly

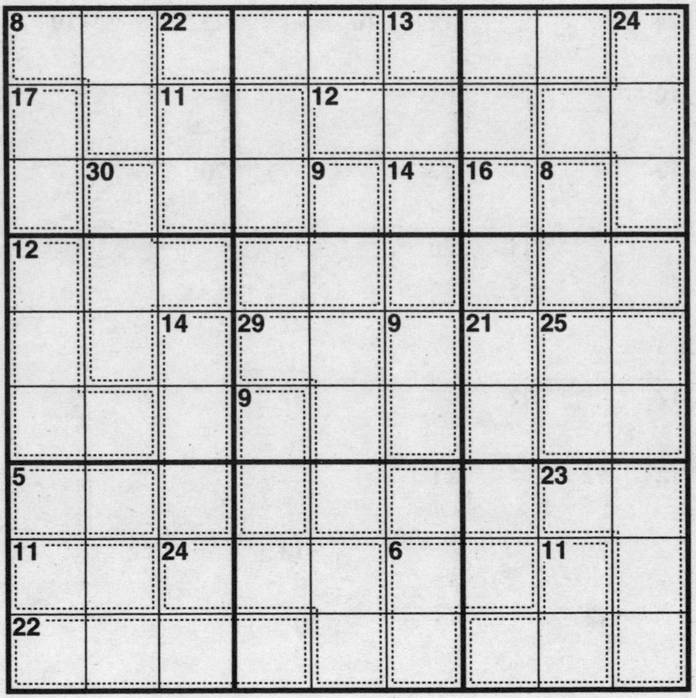

26

🕐 48 minutes

time taken..............................

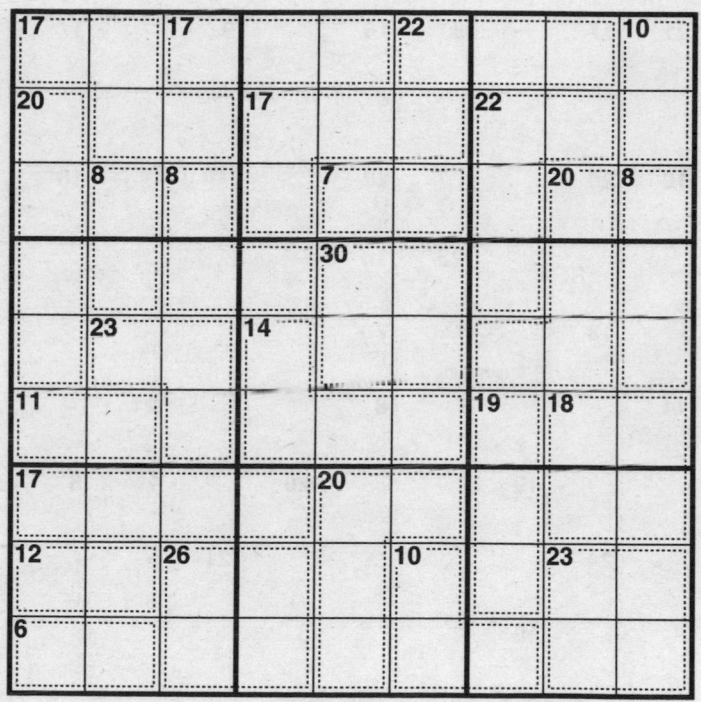

🕐 48 minutes

time taken.............................

Deadly

🕐 52 minutes

time taken.............................

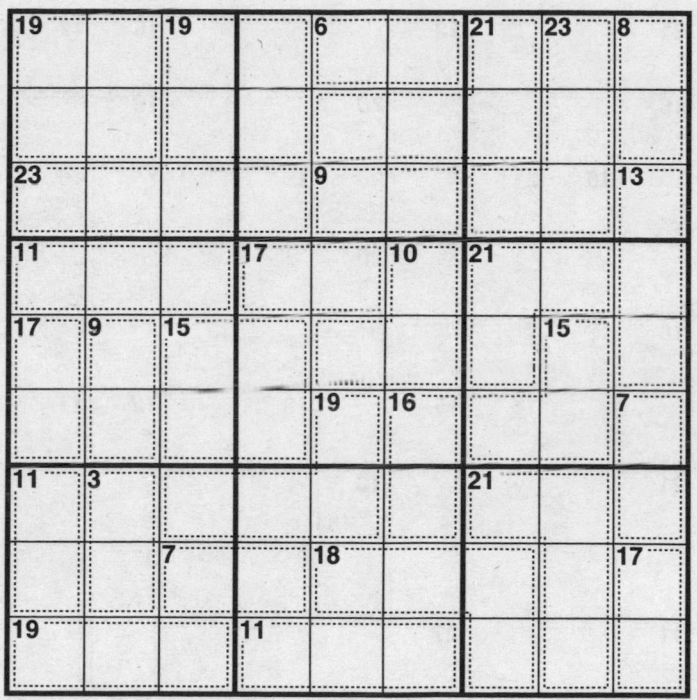

🕐 52 minutes

time taken.............................

(L) 52 minutes

time taken..............................

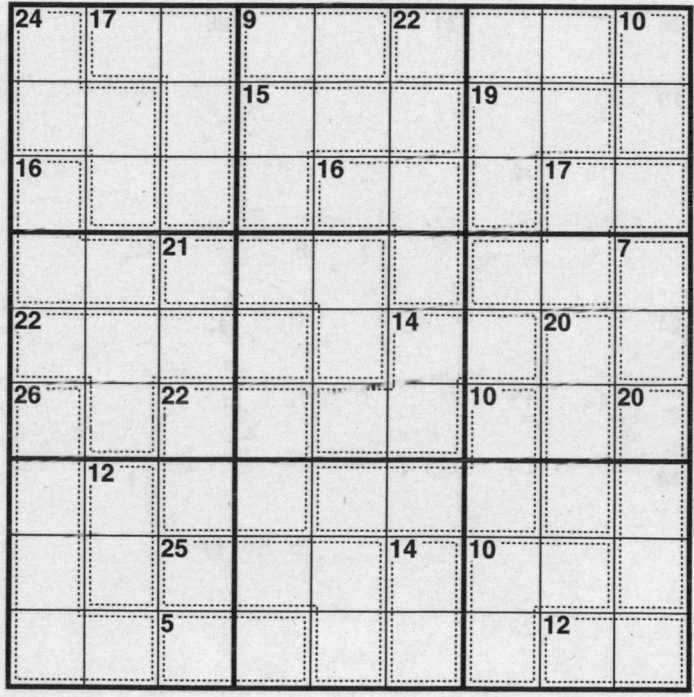

🕐 52 minutes

time taken..............................

Deadly

⏲ 52 minutes

time taken.............................

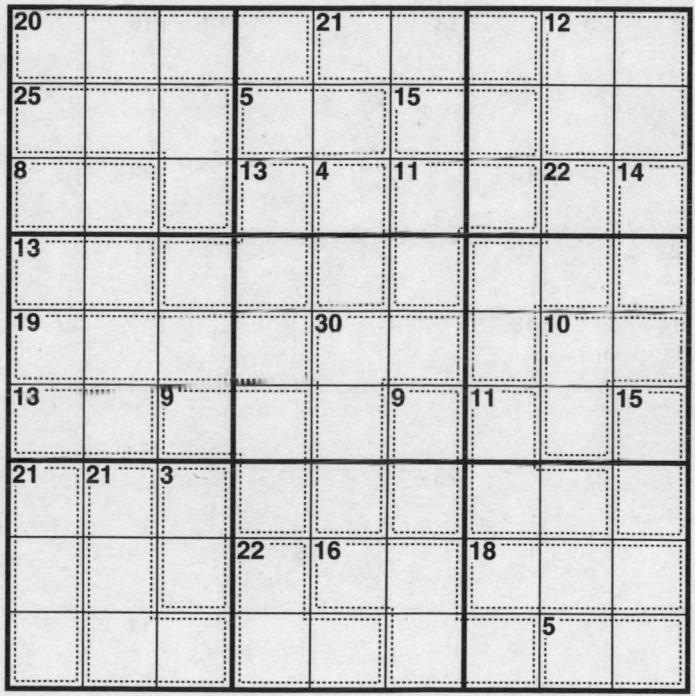

⊕ 52 minutes

time taken..............................

🕐 52 minutes

time taken..............................

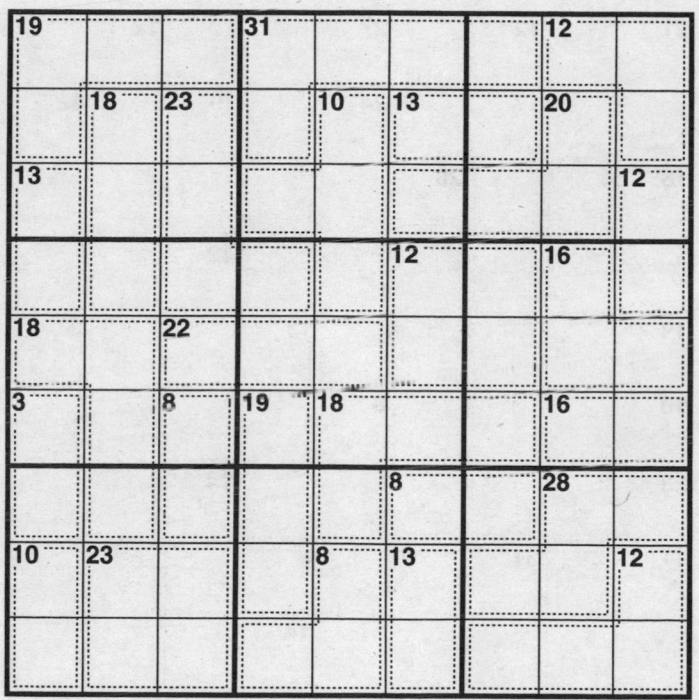

🕐 56 minutes

time taken...............................

🕐 56 minutes

time taken...........................

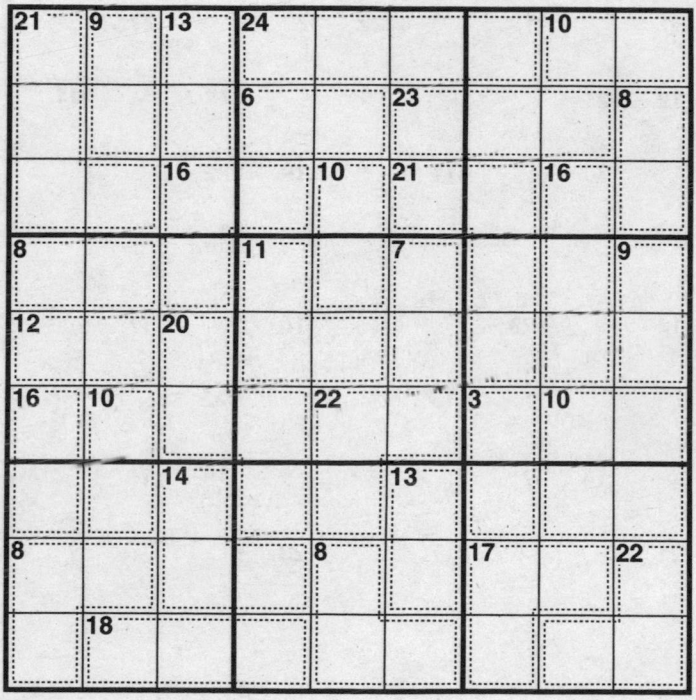

🕐 56 minutes

time taken.............................

Deadly

(L) 56 minutes

time taken..............................

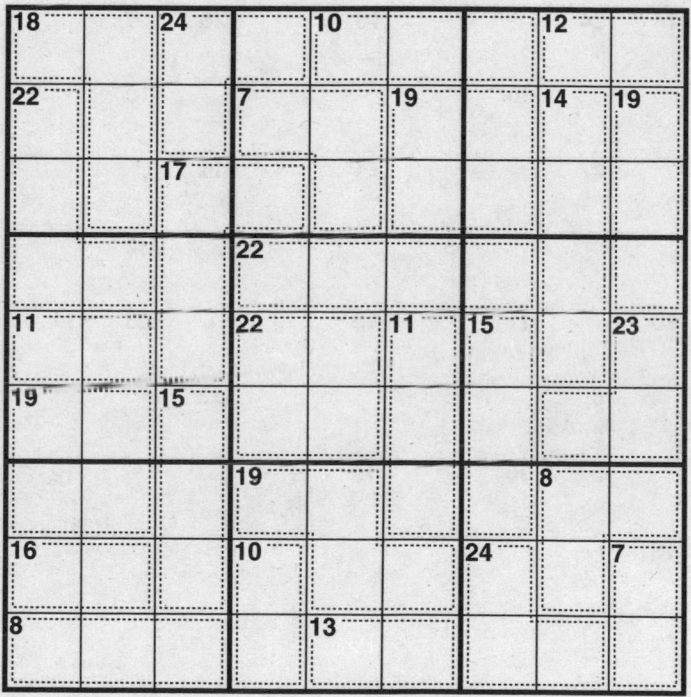

🕐 56 minutes

time taken................................

🕐 56 minutes

time taken.............................

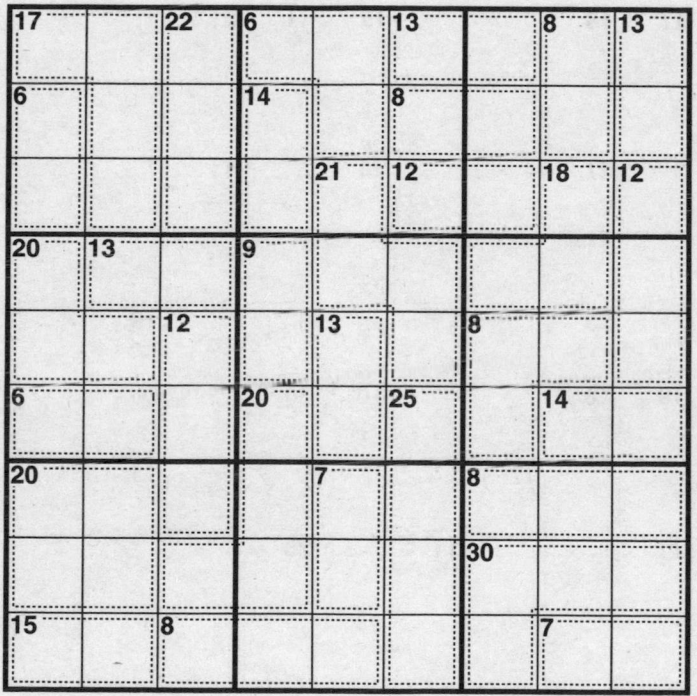

🕐 56 minutes

time taken.............................

🕐 56 minutes

time taken..............................

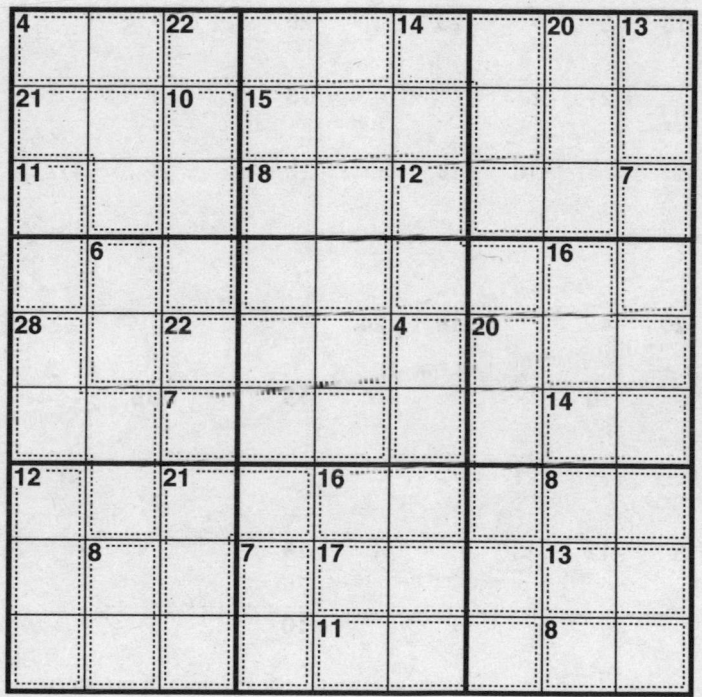

🕐 56 minutes

time taken……………………………

⏱ 56 minutes

time taken..............................

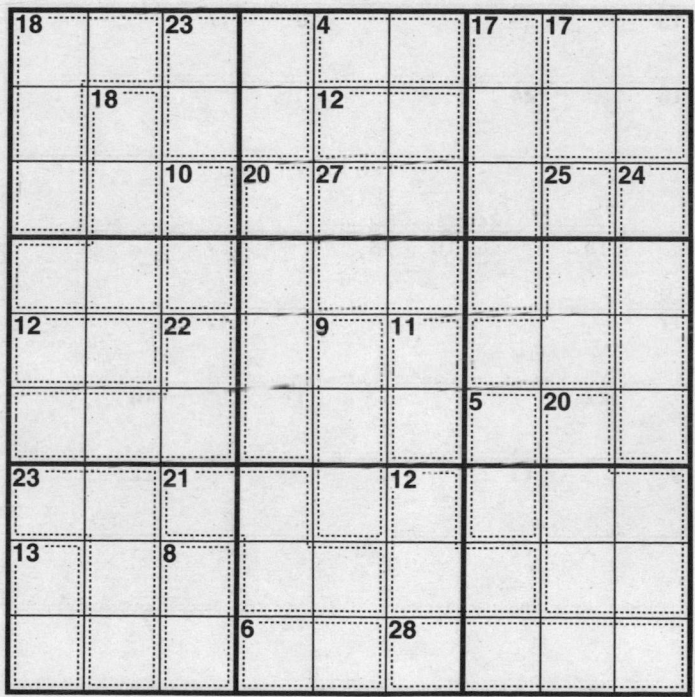

⏱ 56 minutes

time taken...............................

Deadly

🕐 59 minutes

time taken.............................

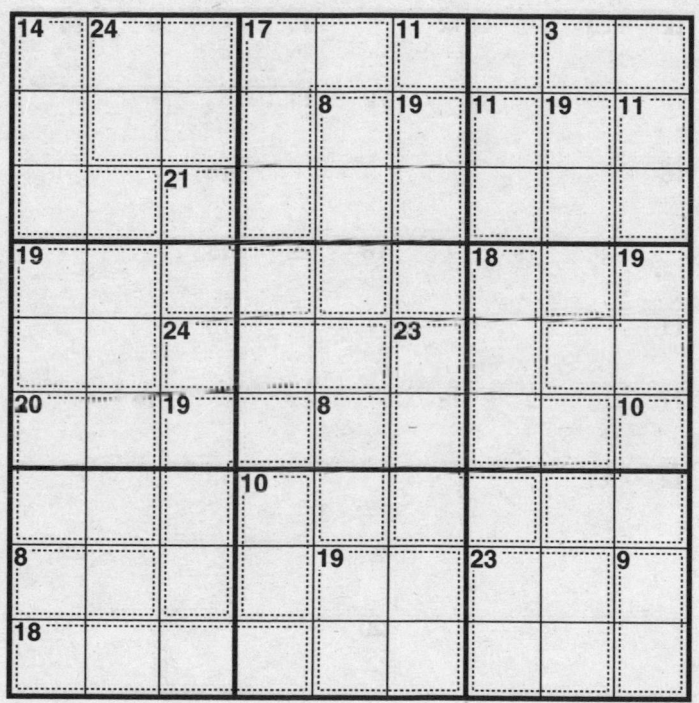

🕐 59 minutes

time taken.............................

🕐 59 minutes

time taken...............................

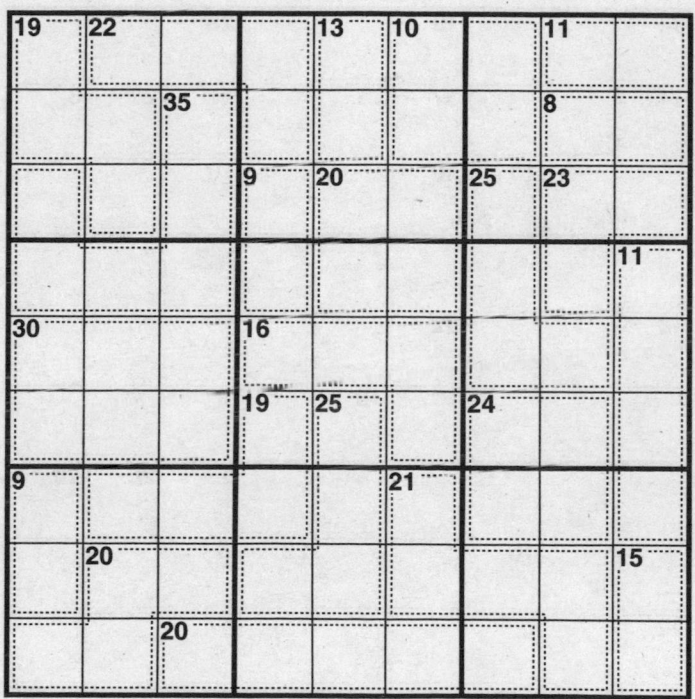

🕐 59 minutes

time taken...............................

(L) 59 minutes

time taken.............................

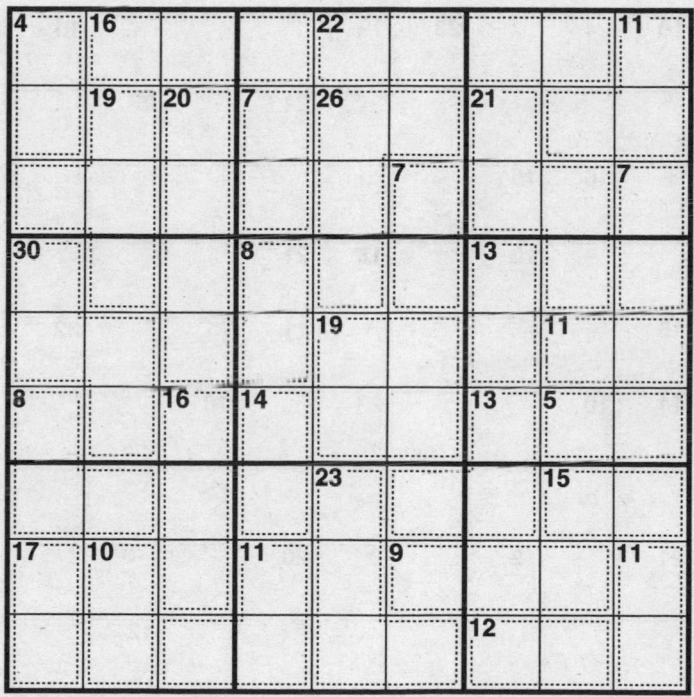

🕐 59 minutes

time taken.............................

🕐 59 minutes

time taken..............................

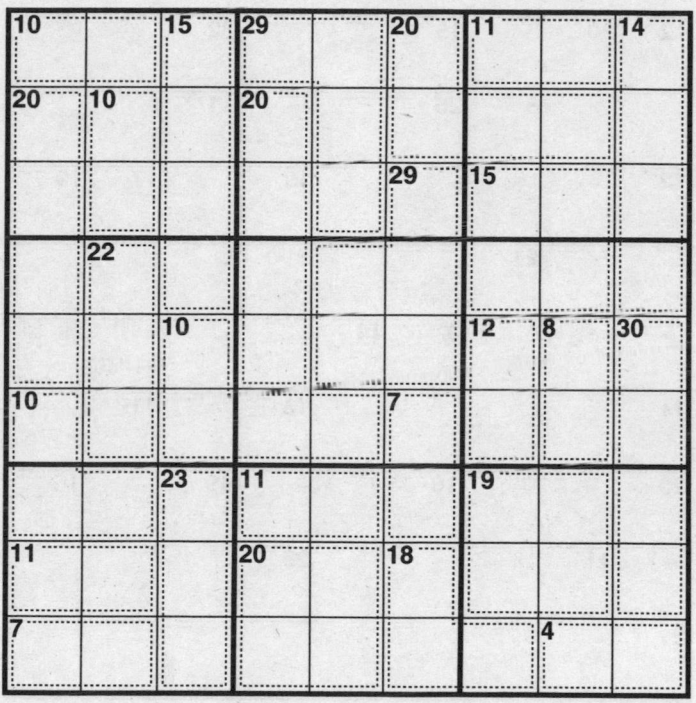

⏱ 59 minutes

time taken.............................

🕐 1 hour

time taken..............................

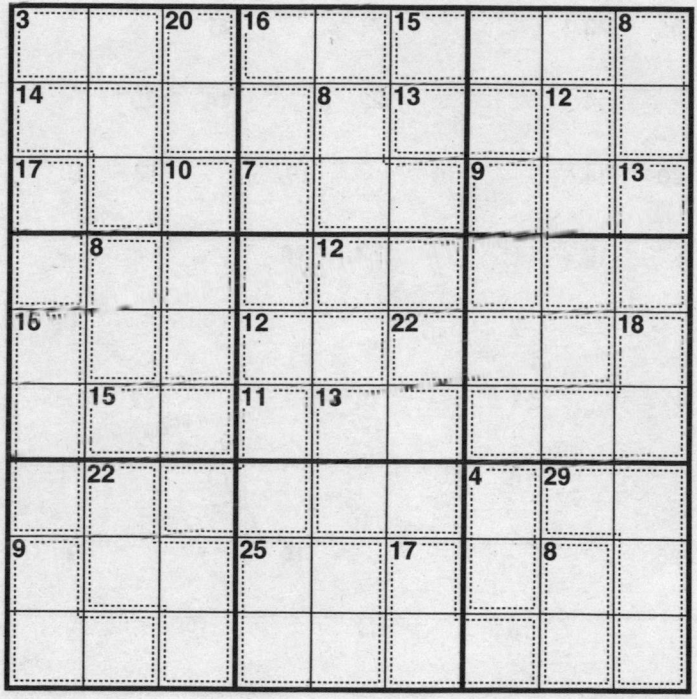

🕐 1 hour

time taken.............................

Deadly

5	23			7		21		
	14			22		14	20	
20	14		10					9
	12			22	19			
						12		11
		21		18			22	
7		10						
26					10			9
		10		17				

🕐 1 hour

time taken..............................

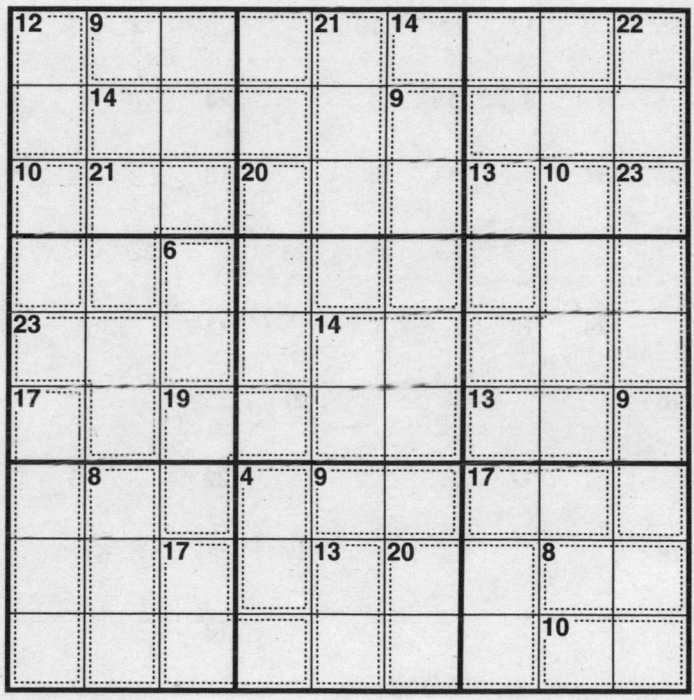

🕐 1 hour

time taken.............................

(L) 1 hour

time taken..............................

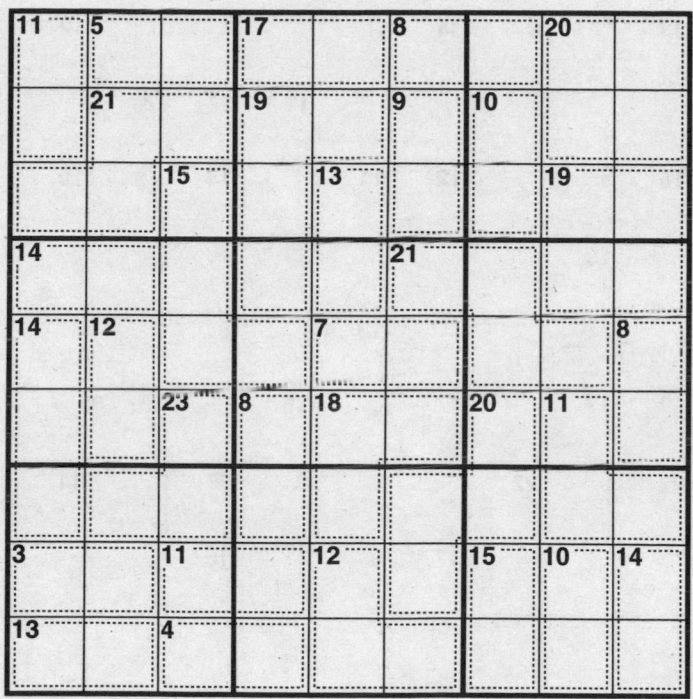

🕐 1 hour

time taken.............................

🕐 1 hour

time taken...............................

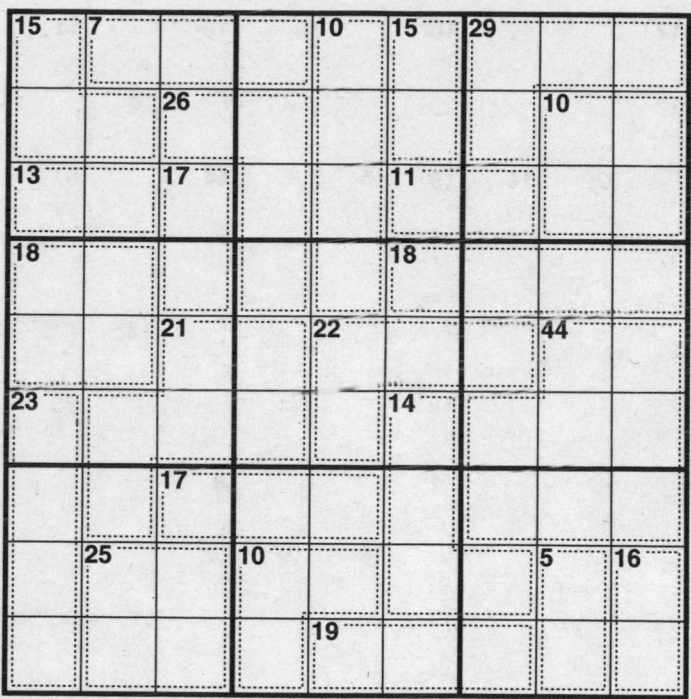

🕐 1 hour

time taken.............................

Deadly

🕐 1 hour

time taken...............................

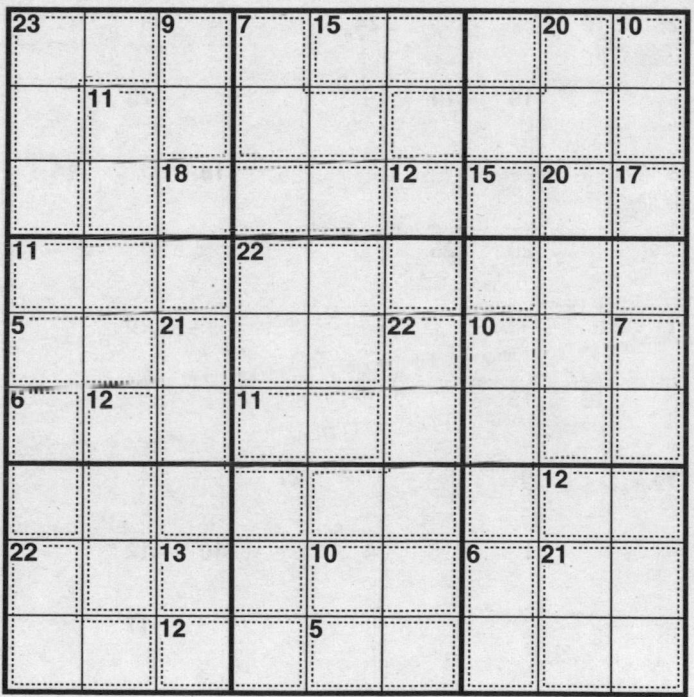

🕐 1 hour

time taken...............................

🕐 1 hour

time taken.............................

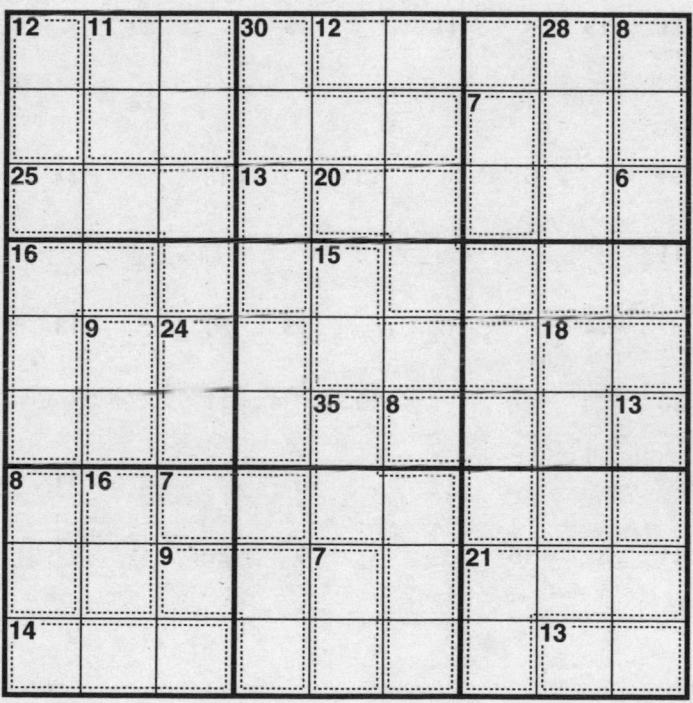

🕐 1 hour

time taken.............................

Deadly

🕐 1 hour

time taken.............................

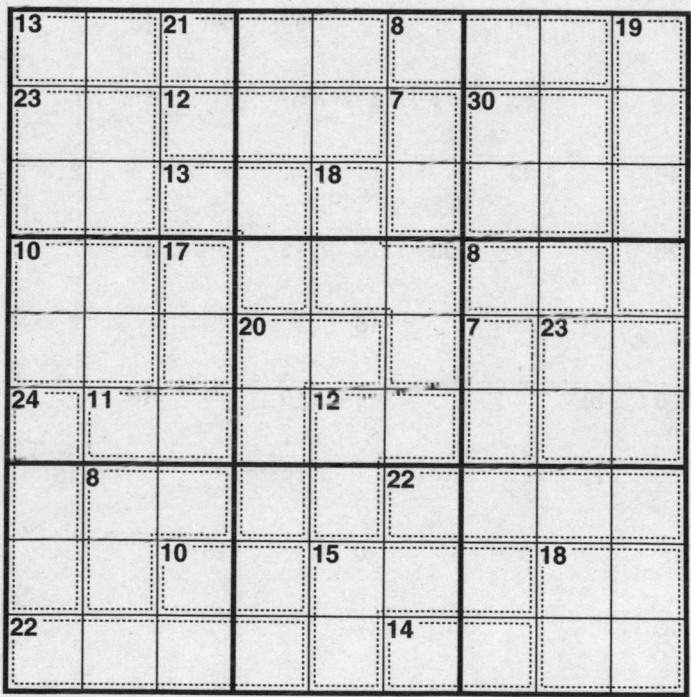

🕐 1 hour

time taken.............................

Deadly

🕐 1 hour

time taken...............................

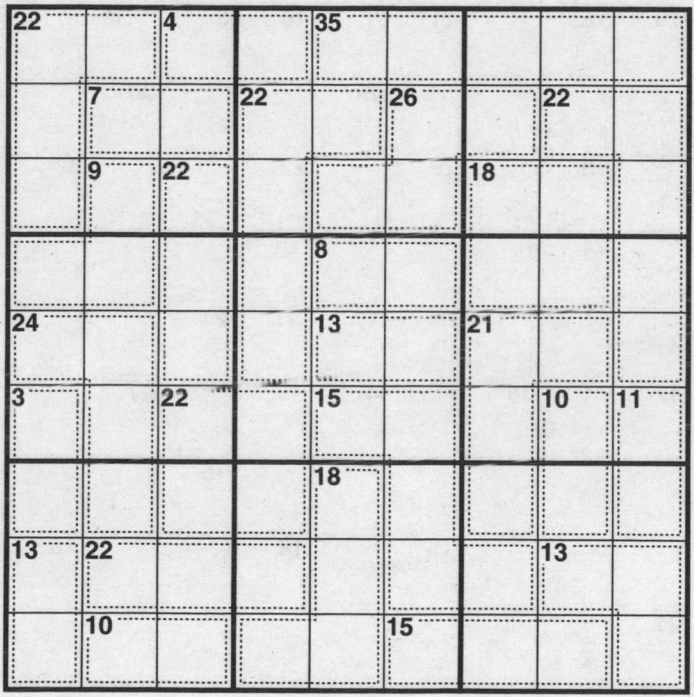

🕐 1 hour

time taken..............................

🕐 1 hour

time taken.............................

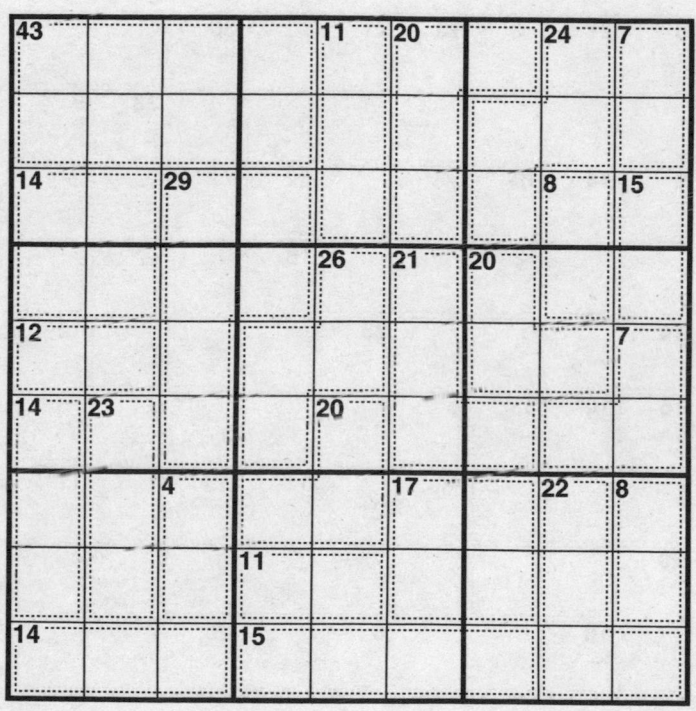

🕐 1 hour

time taken...............................

🕐 1 hour

time taken................................

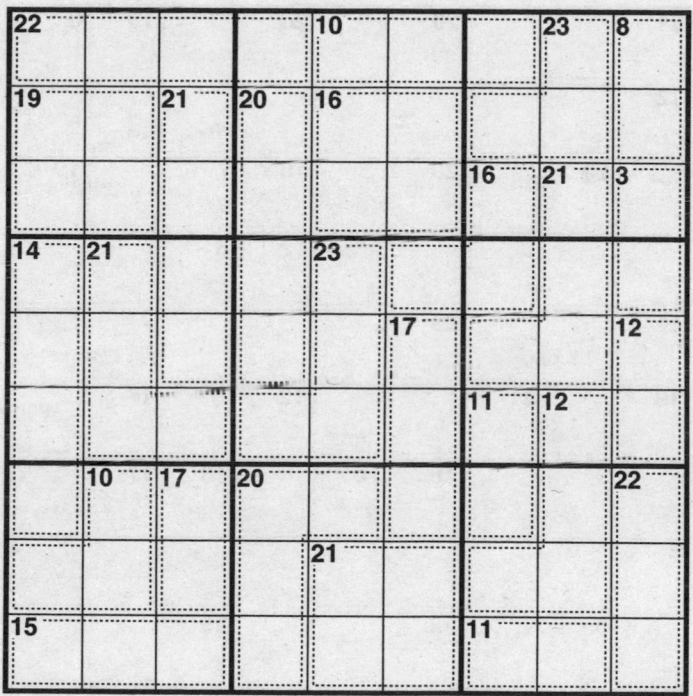

🕐 1 hour

time taken.............................

(⊕) 1 hour

time taken..............................

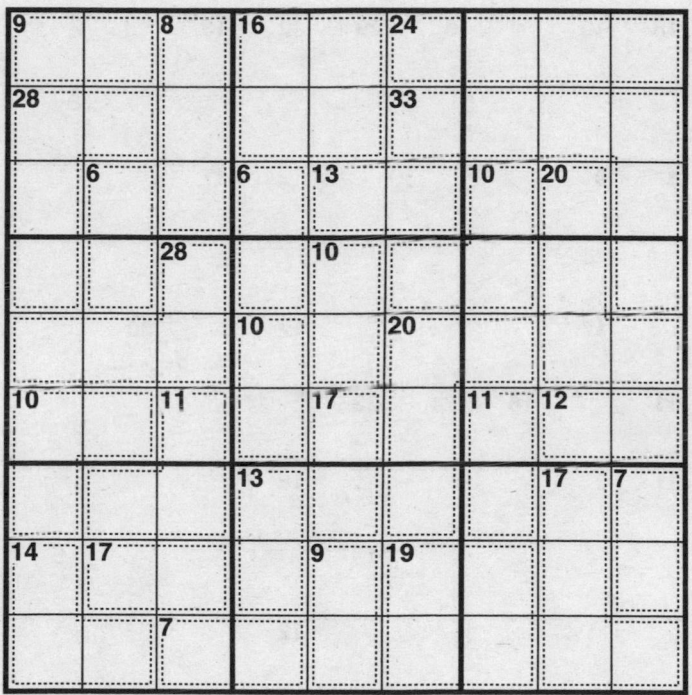

75

⏱ 1 hour

time taken.............................

Deadly

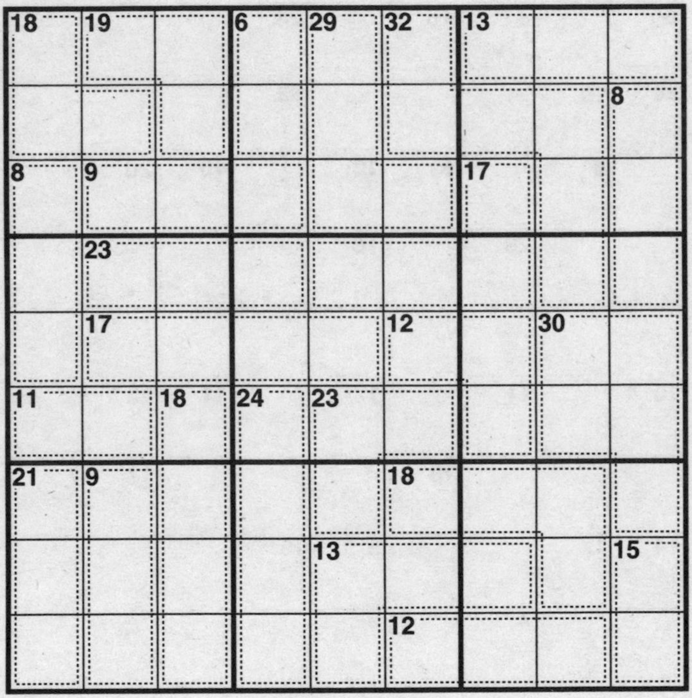

1 hour

time taken..............................

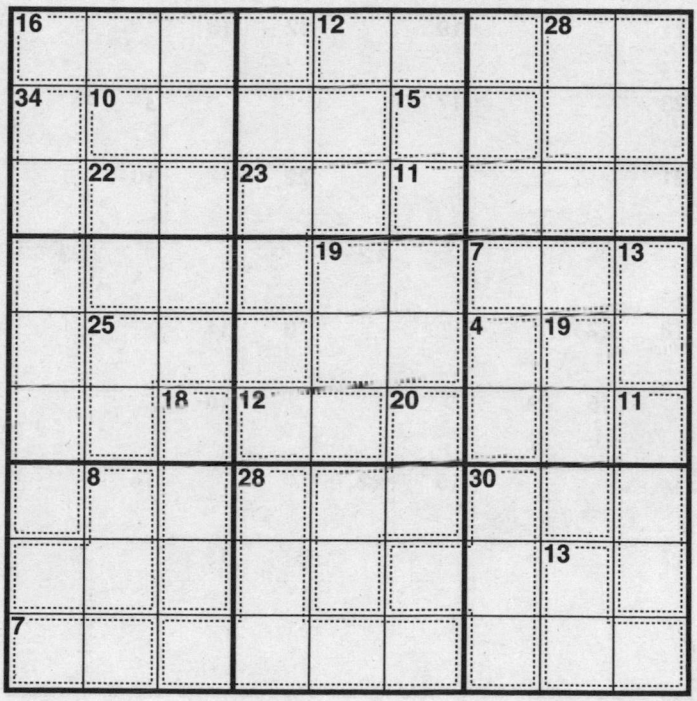

🕐 1 hour

time taken.............................

Deadly

🕐 1 hour

time taken...............................

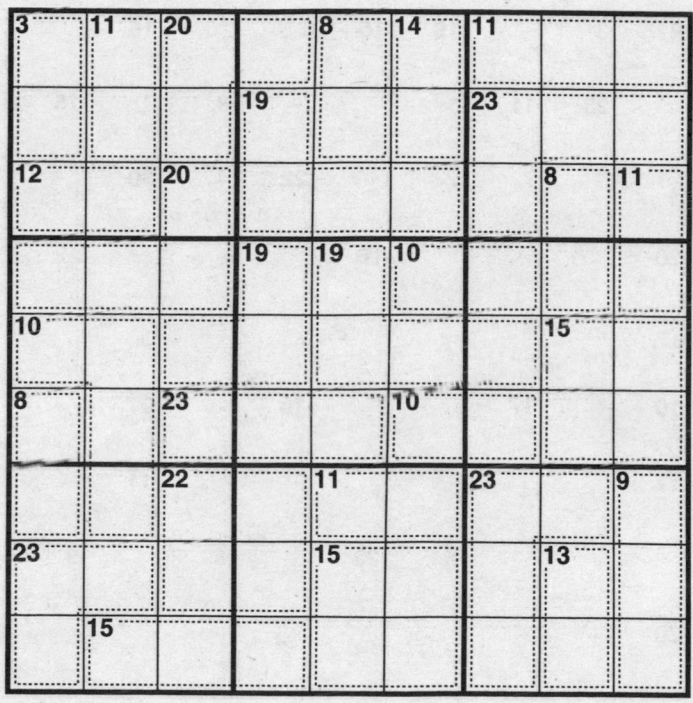

🕐 1 hour

time taken..............................

⏲ 1 hour 5 minutes

time taken...............................

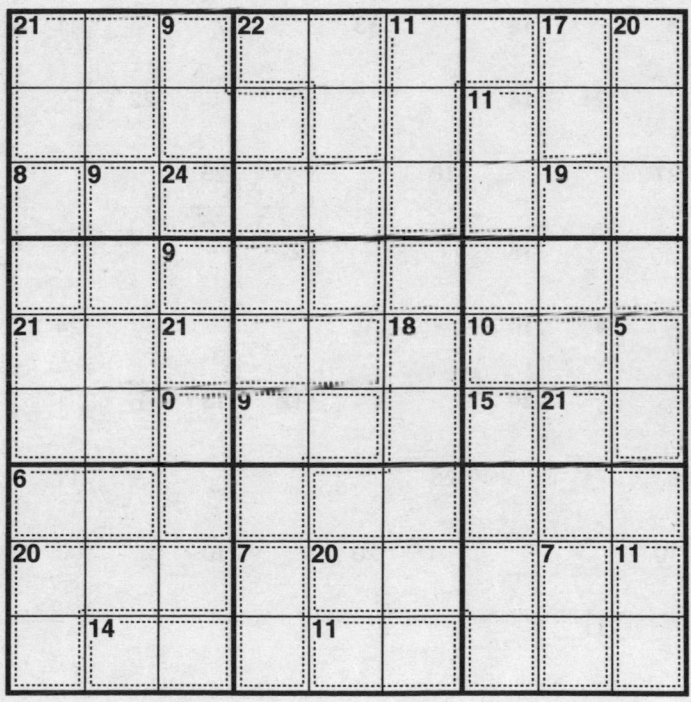

⏱ 1 hour 5 minutes

time taken...........................

Deadly

⏱ 1 hour 5 minutes

time taken..............................

🕐 1 hour 5 minutes

time taken.............................

🕐 1 hour 5 minutes

time taken.............................

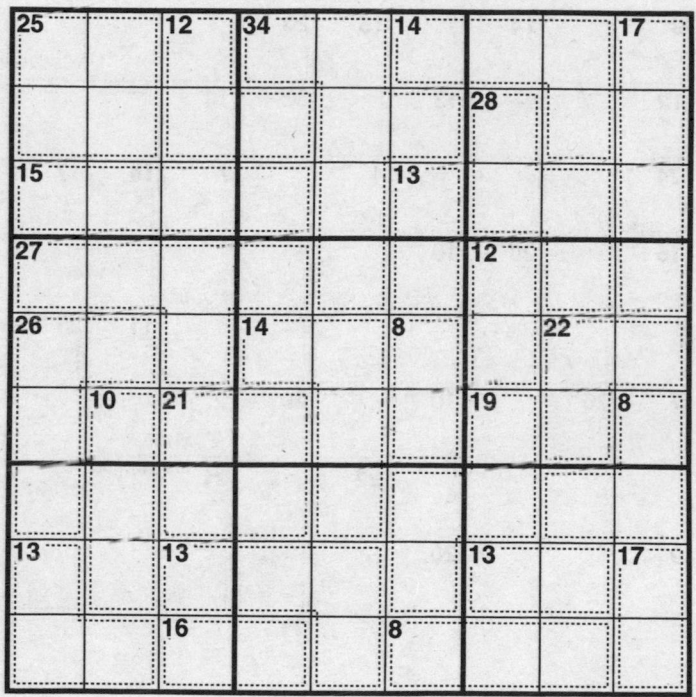

🕐 1 hour 5 minutes

time taken...............................

⏱ 1 hour 5 minutes

time taken...............................

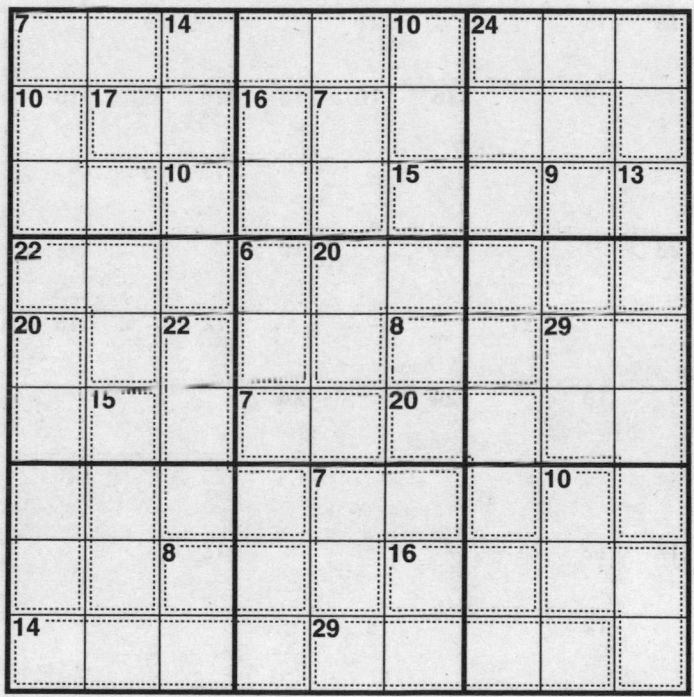

🕐 1 hour 5 minutes

time taken.............................

Deadly

88

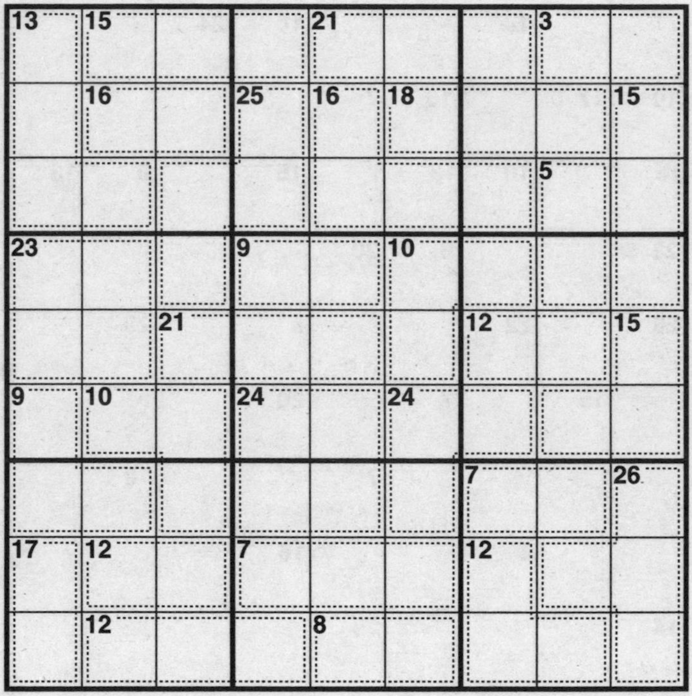

🕐 1 hour 5 minutes

time taken..............................

Ultimate Killer Su Doku

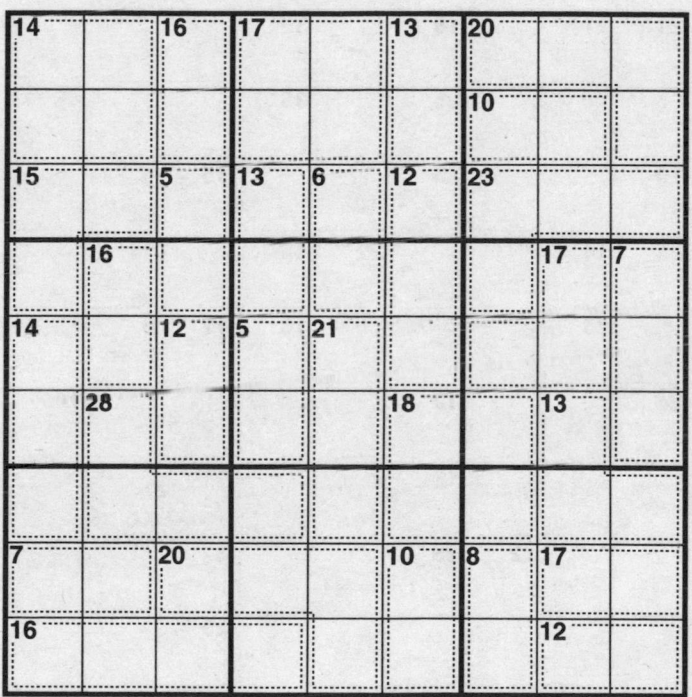

🕐 1 hour 5 minutes

time taken...............................

🕐 1 hour 5 minutes

time taken.............................

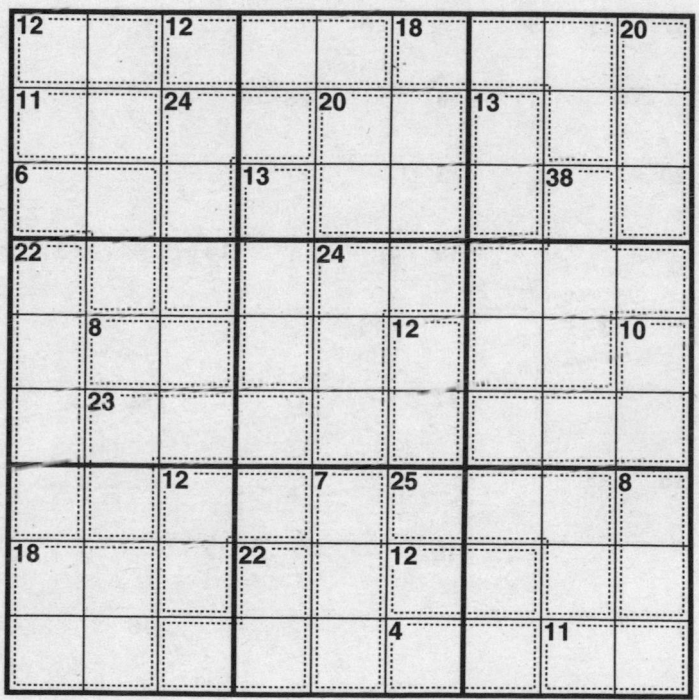

🕐 1 hour 5 minutes

time taken.............................

🕐 1 hour 5 minutes

time taken...............................

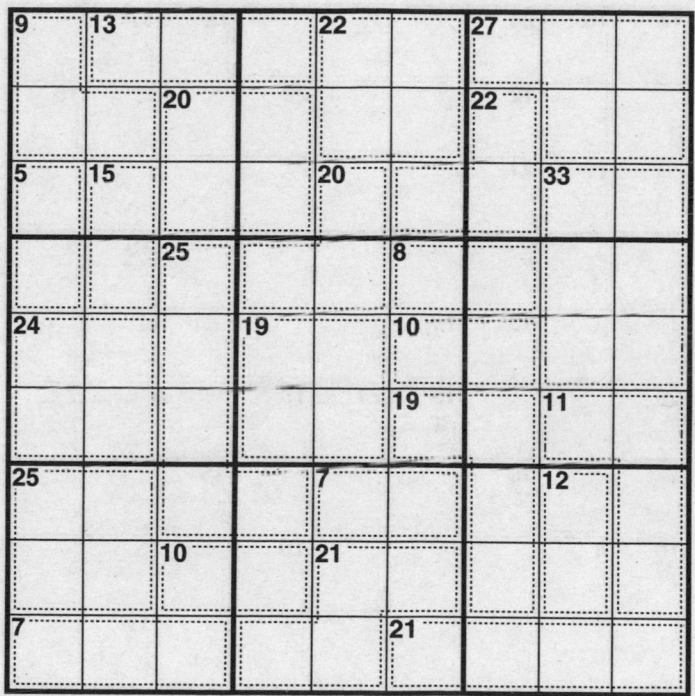

🕐 1 hour 5 minutes

time taken.............................

Deadly

(🕐) 1 hour 10 minutes

time taken.............................

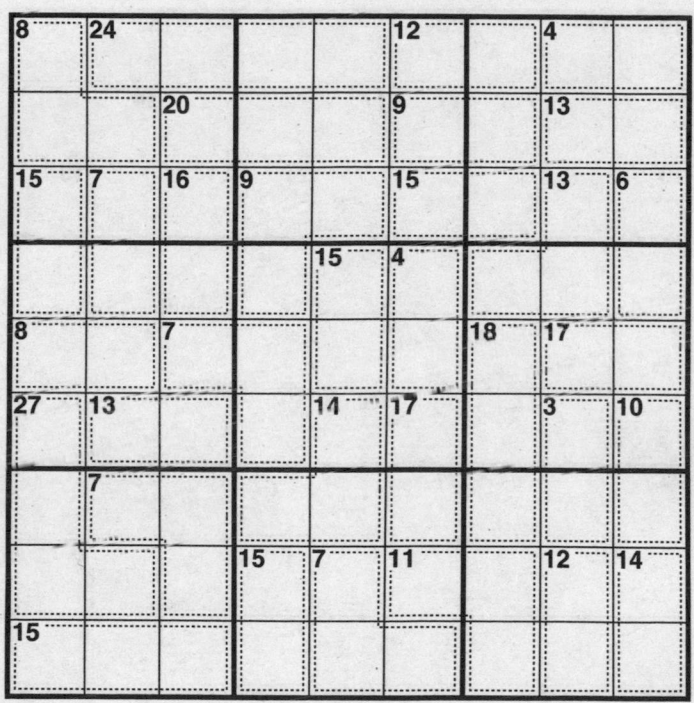

🕐 1 hour 10 minutes

time taken...............................

🕐 1 hour 10 minutes

time taken.............................

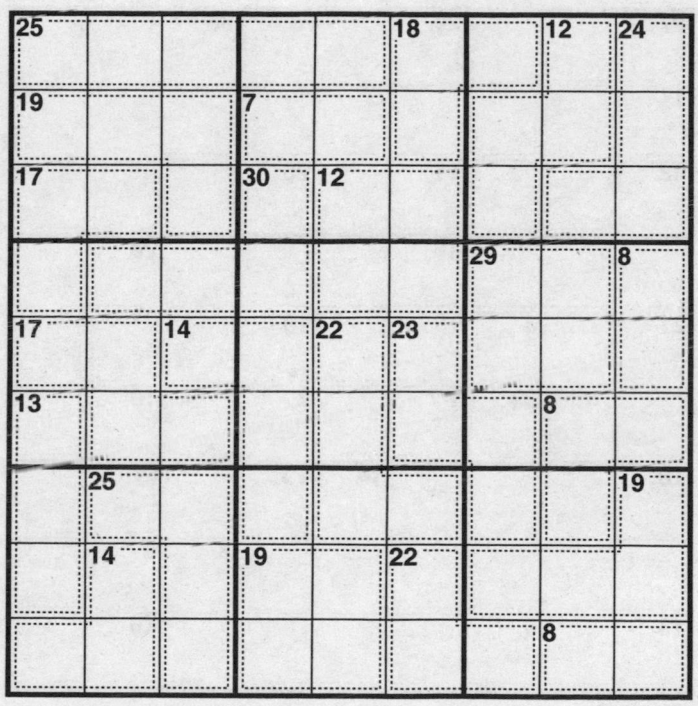

🕐 1 hour 10 minutes

time taken.............................

⏲ 1 hour 10 minutes

time taken..............................

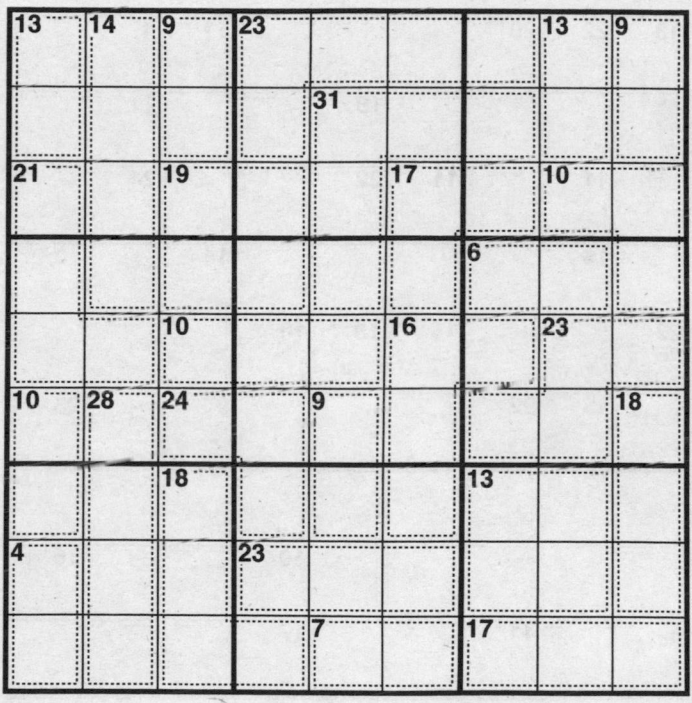

🕐 1 hour 10 minutes

time taken...............................

🕐 1 hour 10 minutes

time taken.............................

Extra Deadly

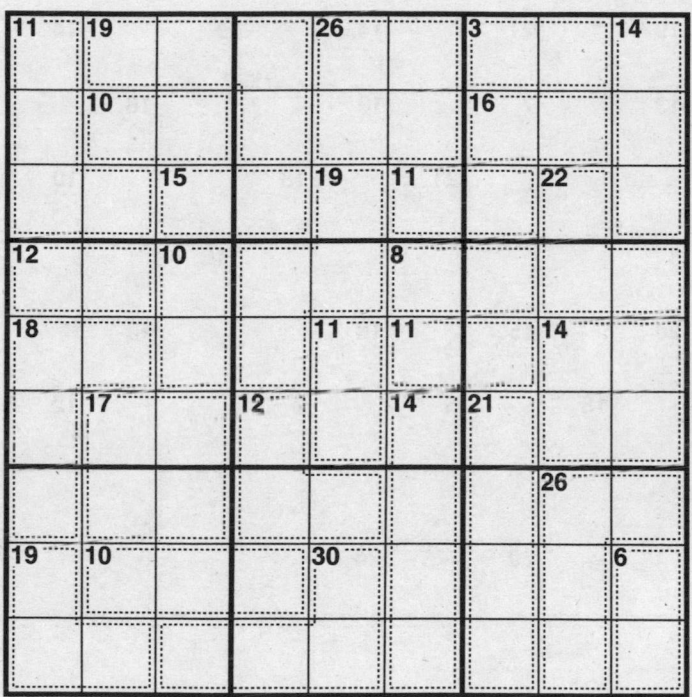

🕐 1 hour 10 minutes

time taken.............................

⏱ 1 hour 10 minutes

time taken.............................

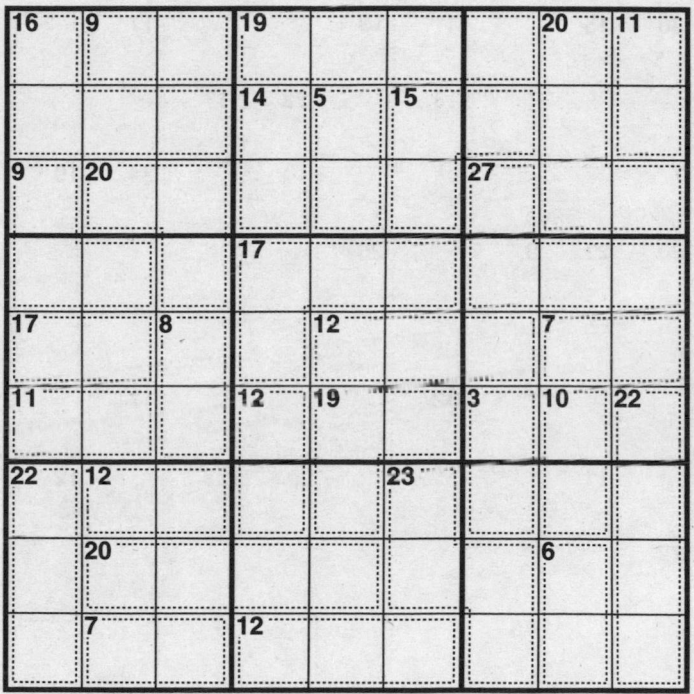

🕐 1 hour 10 minutes

time taken.............................

🕐 1 hour 10 minutes

time taken...............................

🕐 1 hour 10 minutes

time taken.............................

🕐 1 hour 10 minutes

time taken...............................

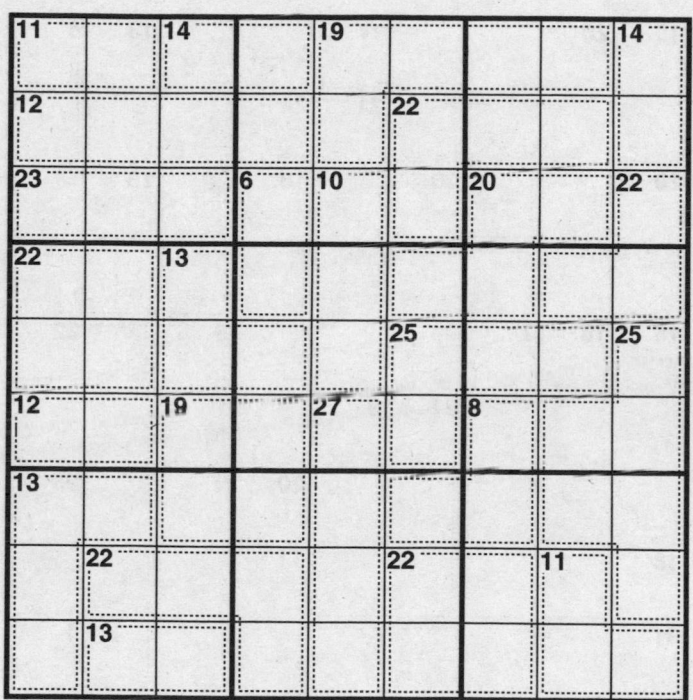

🕐 1 hour 10 minutes

time taken.................................

🕐 1 hour 10 minutes

time taken...............................

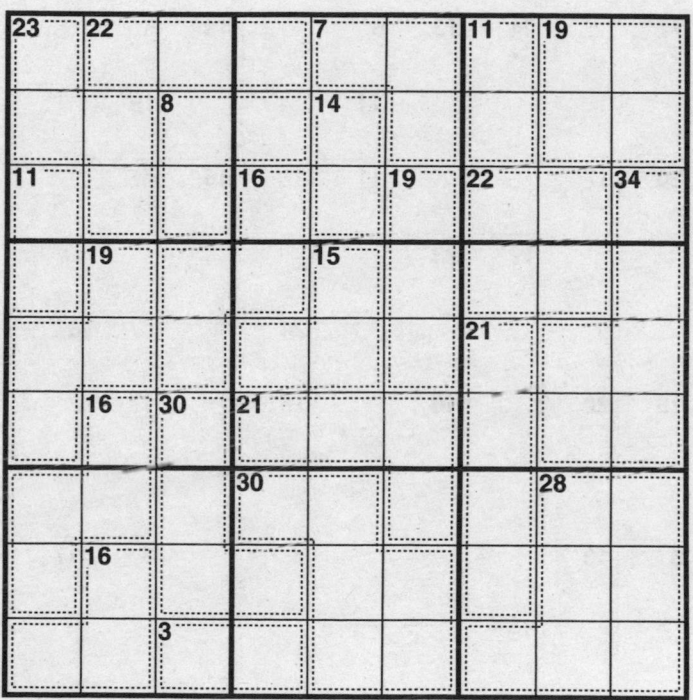

🕐 1 hour 15 minutes

time taken..............................

⏱ 1 hour 15 minutes

time taken...............................

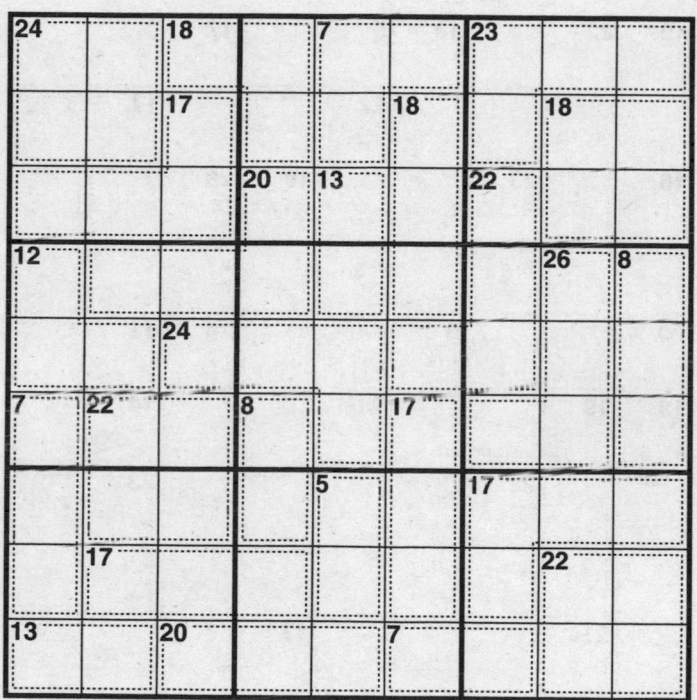

⏱ 1 hour 15 minutes

time taken...............................

🕐 1 hour 15 minutes

time taken.............................

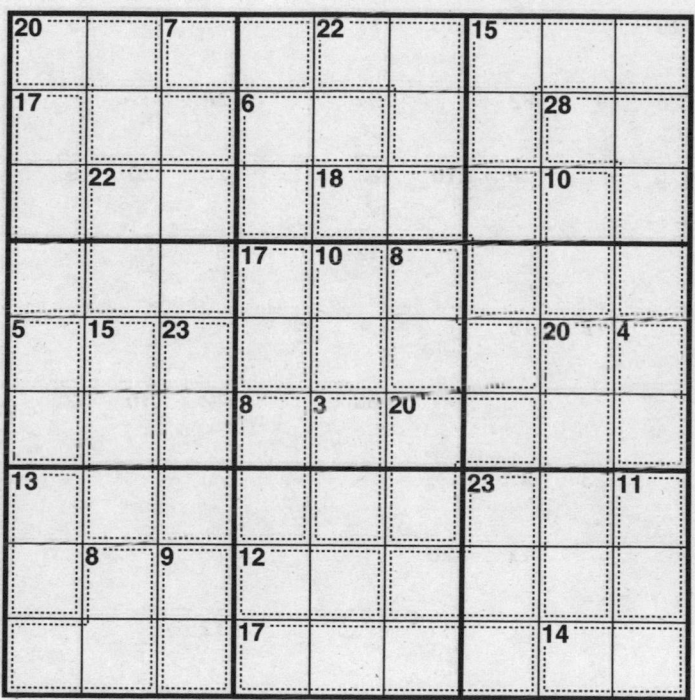

🕐 1 hour 15 minutes

time taken...............................

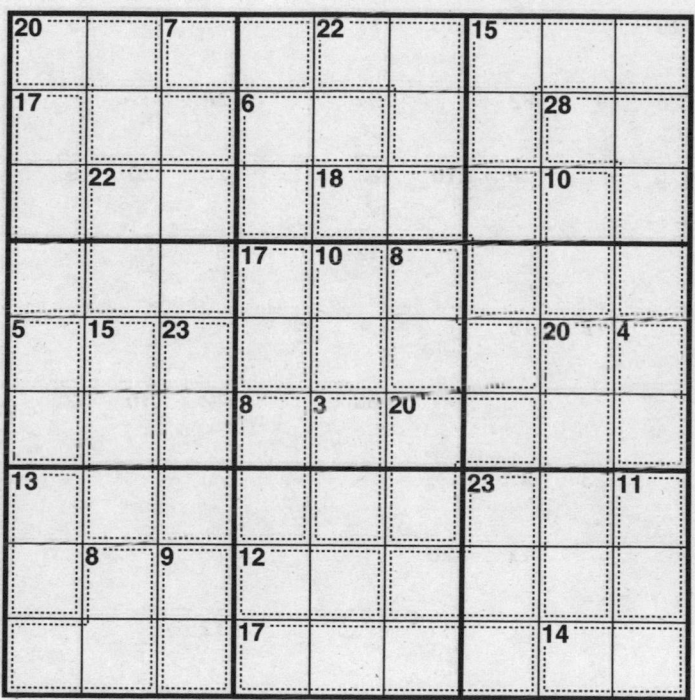

Extra Deadly

114

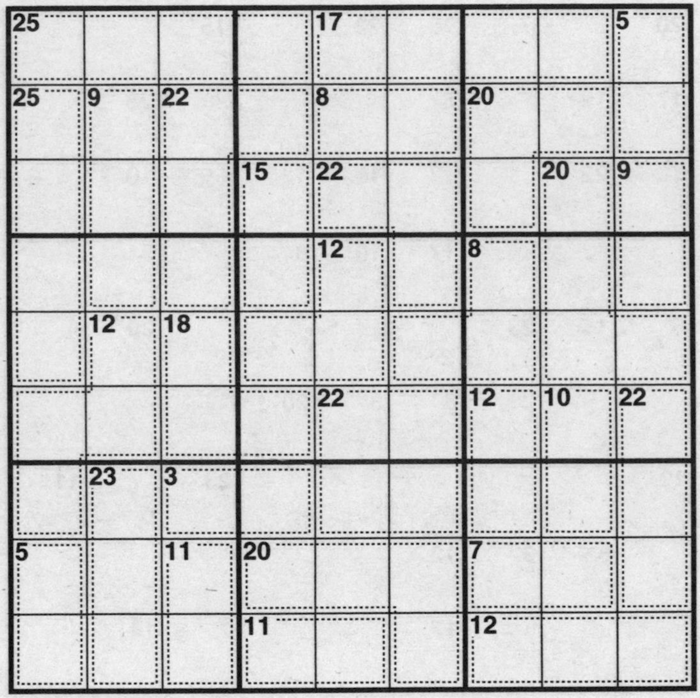

🕐 1 hour 15 minutes

time taken...........................

Ultimate Killer Su Doku

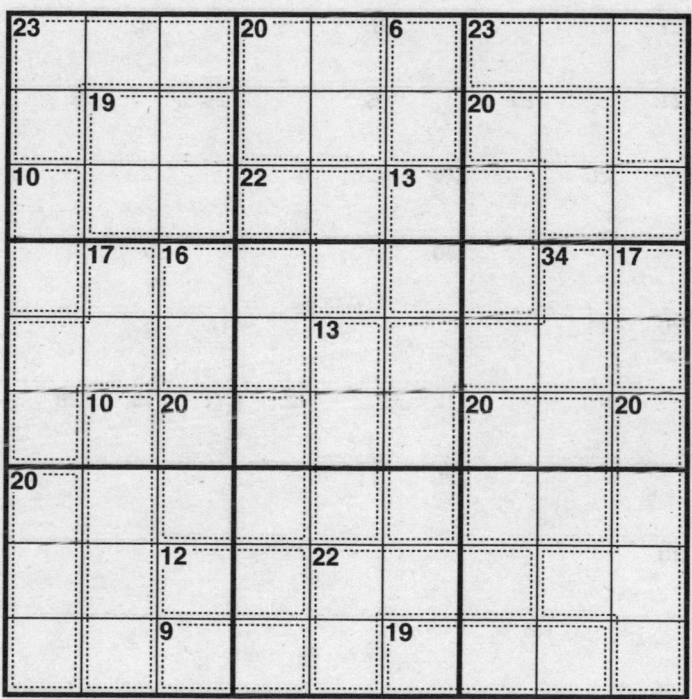

🕐 1 hour 15 minutes

time taken..............................

🕐 1 hour 15 minutes

time taken.............................

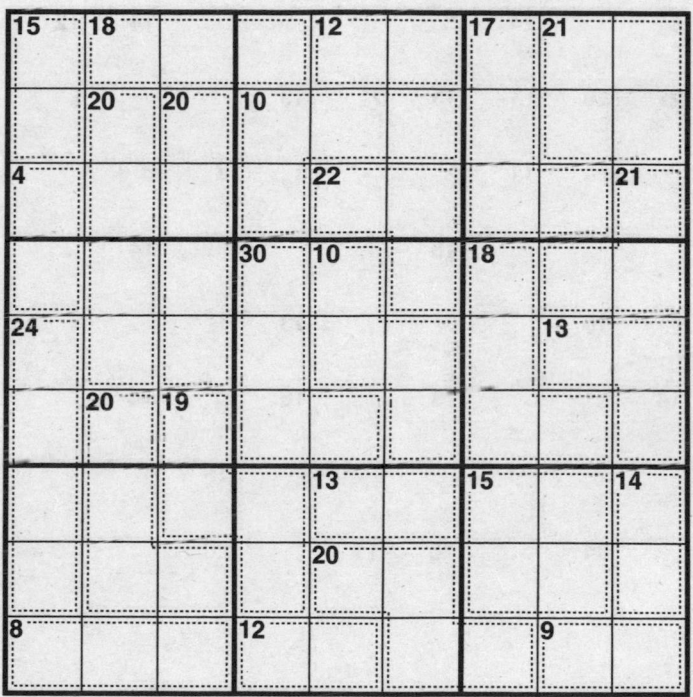

🕐 1 hour 15 minutes

time taken.............................

(🕐) 1 hour 15 minutes

time taken.............................

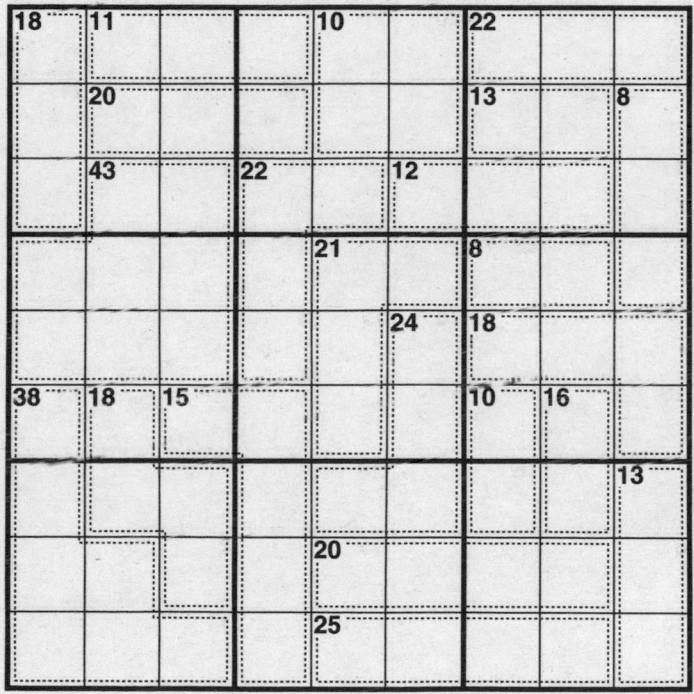

🕐 1 hour 15 minutes

time taken...............................

🕐 1 hour 15 minutes

time taken.............................

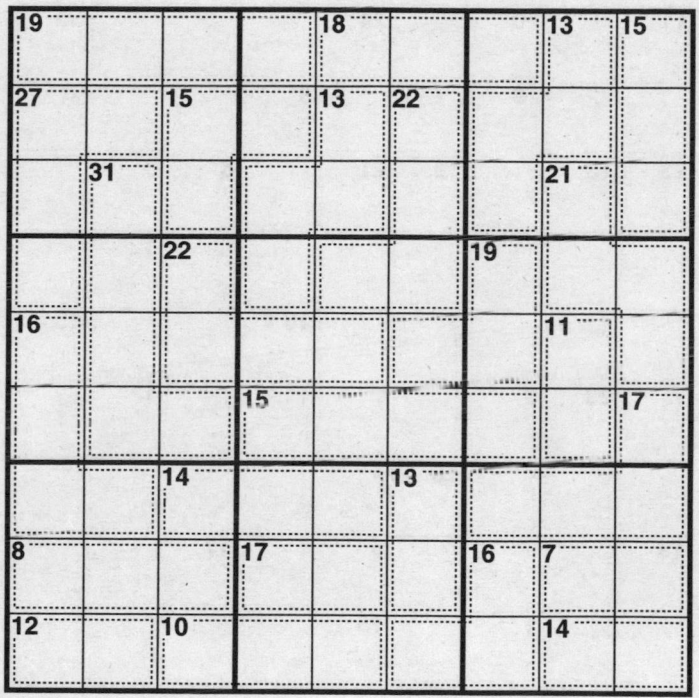

🕐 1 hour 20 minutes

time taken.............................

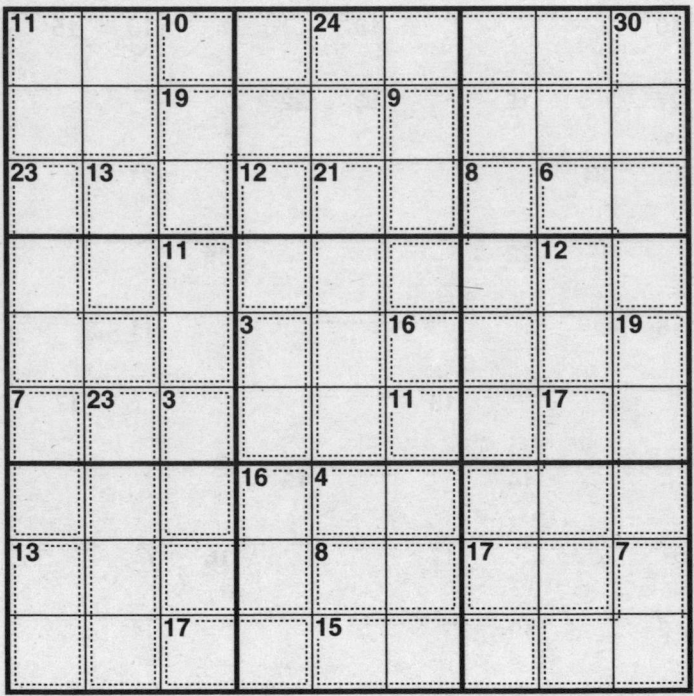

🕐 1 hour 20 minutes

time taken.............................

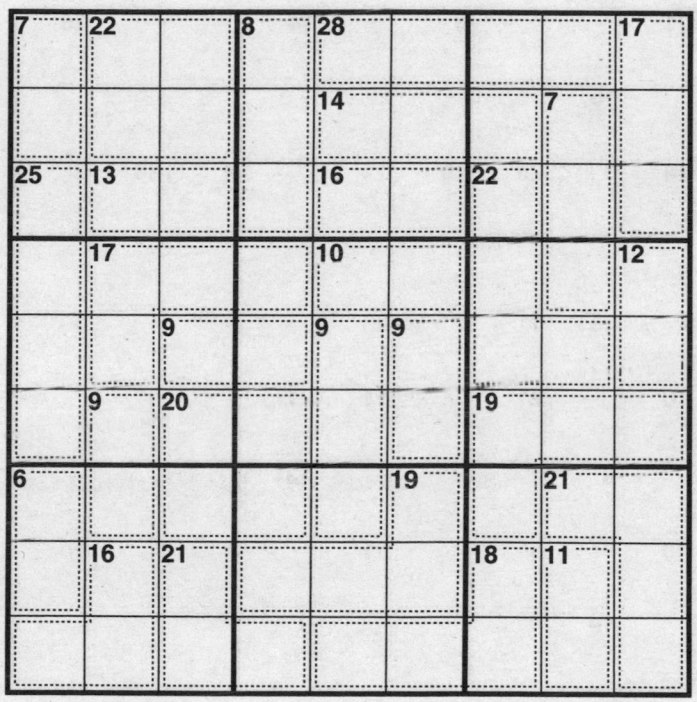

🕐 1 hour 20 minutes

time taken..............................

🕐 1 hour 20 minutes

time taken.............................

🕐 1 hour 20 minutes

time taken..............................

🕐 1 hour 20 minutes

time taken...............................

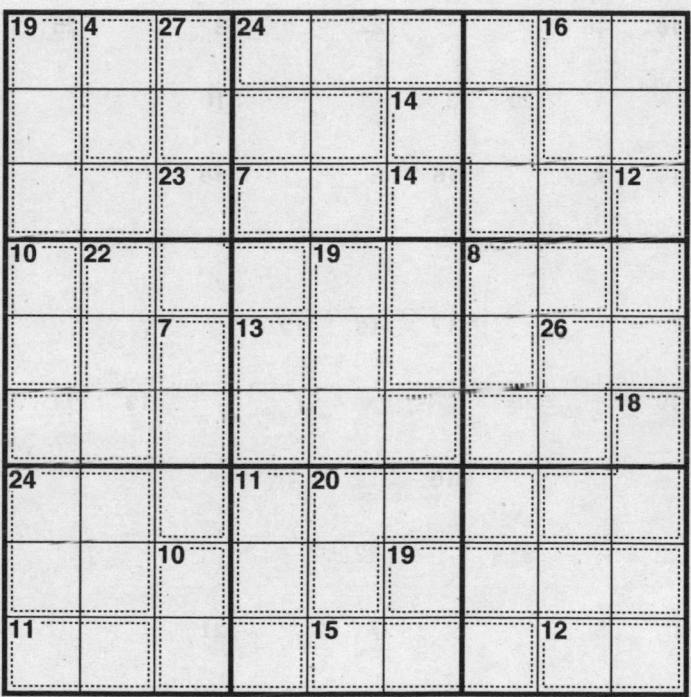

🕐 1 hour 20 minutes

time taken..............................

128

🕐 1 hour 20 minutes

time taken.............................

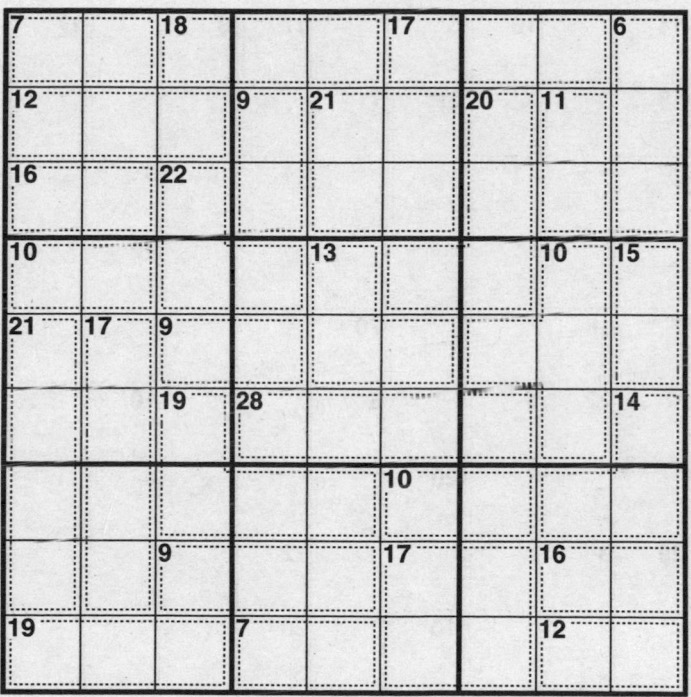

🕐 1 hour 20 minutes

time taken...............................

(clock) 1 hour 20 minutes

time taken.............................

🕐 1 hour 20 minutes

time taken.............................

🕐 1 hour 25 minutes

time taken.............................

133

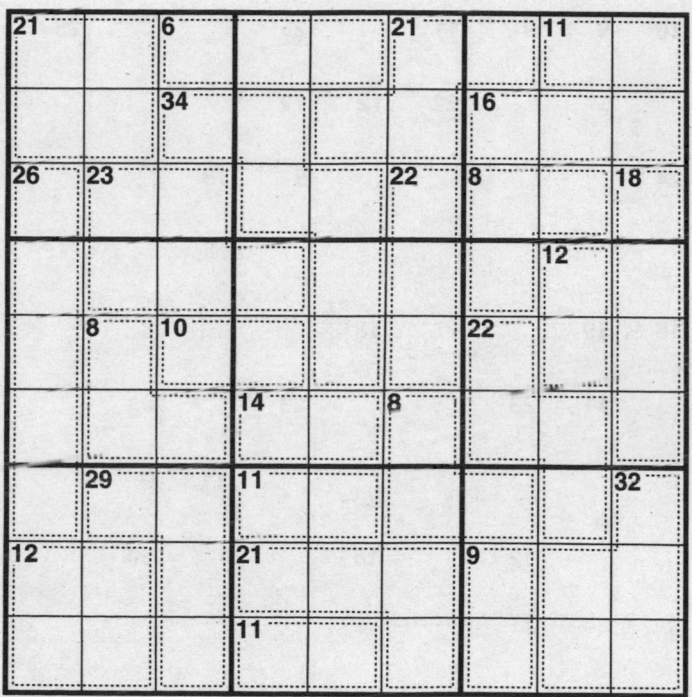

⏱ 1 hour 25 minutes

time taken..............................

Extra Deadly

🕐 1 hour 25 minutes

time taken.............................

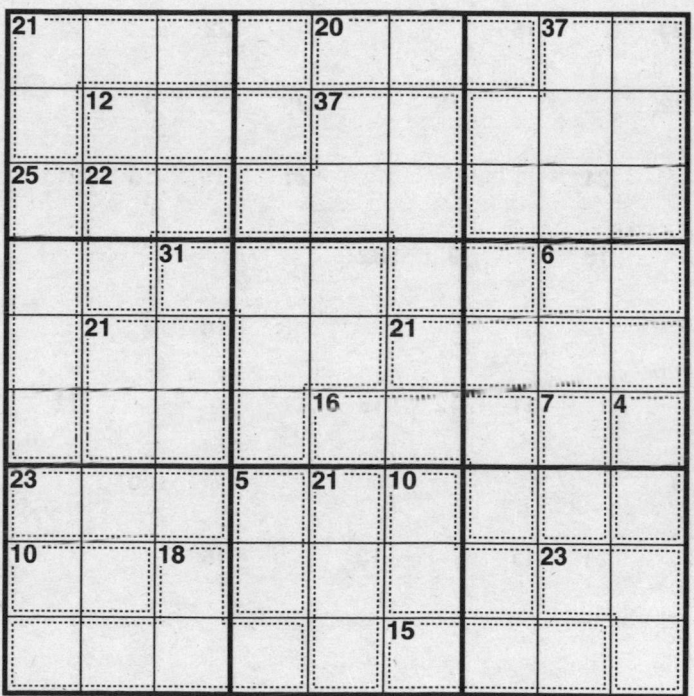

🕐 1 hour 25 minutes

time taken.............................

🕐 1 hour 25 minutes

time taken...............................

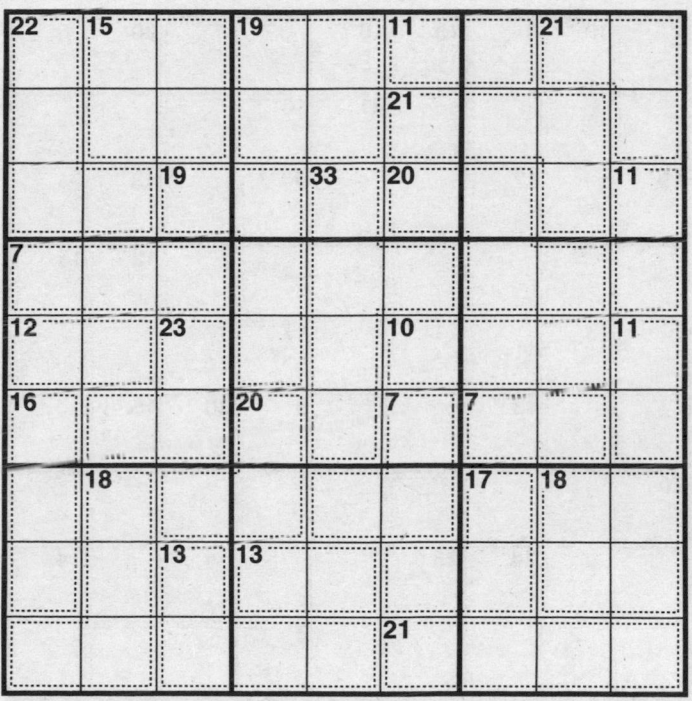

🕐 1 hour 25 minutes

time taken................................

🕐 1 hour 25 minutes

time taken..............................

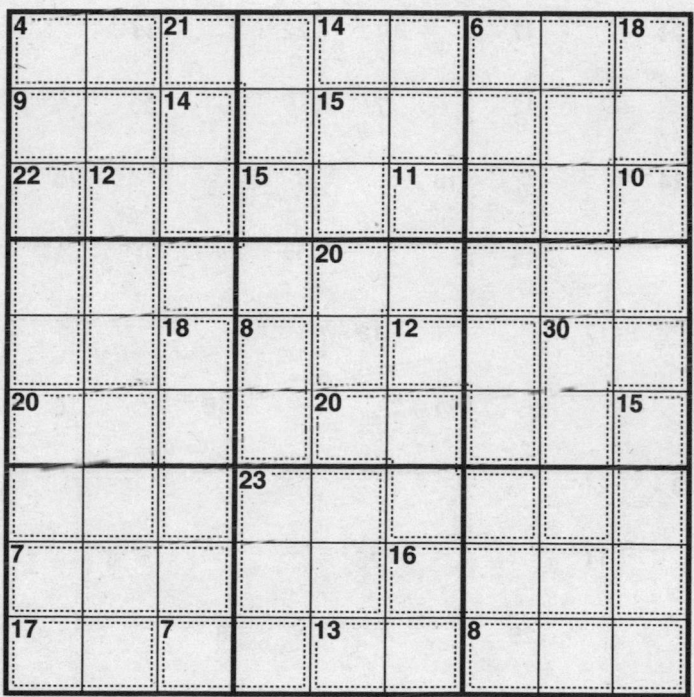

⏱ 1 hour 25 minutes

time taken.............................

🕐 1 hour 25 minutes

time taken..............................

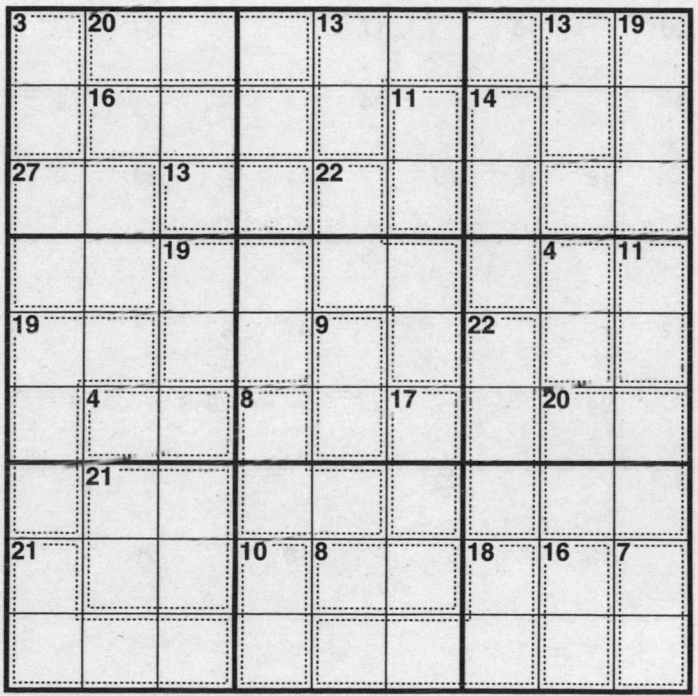

🕐 1 hour 30 minutes

time taken.............................

🕐 1 hour 30 minutes

time taken............................

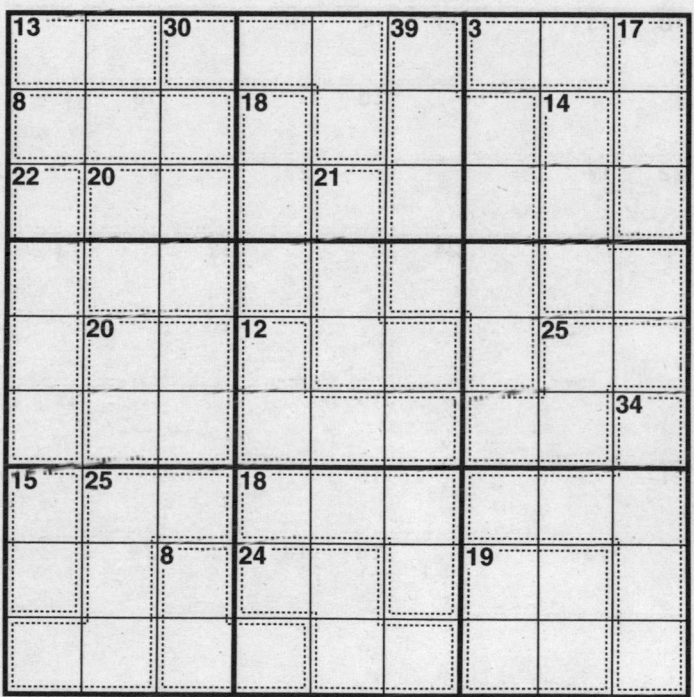

🕐 1 hour 30 minutes

time taken..............................

144

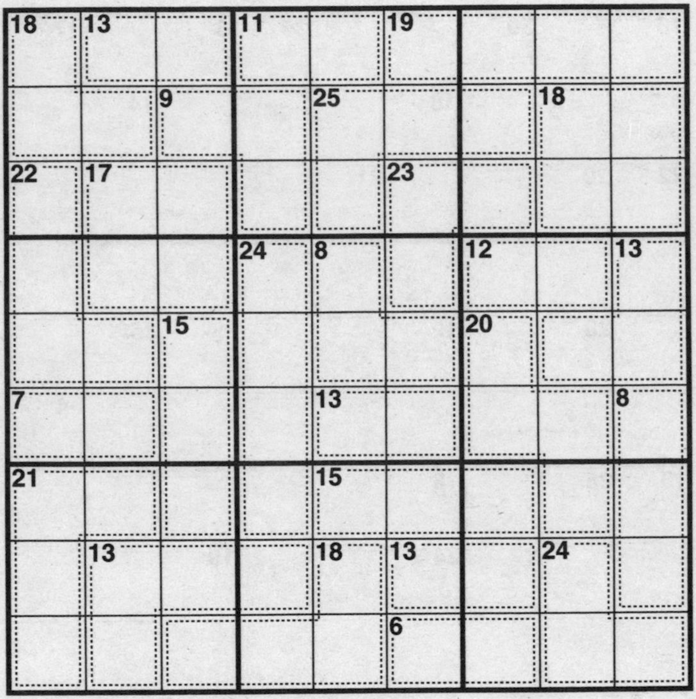

🕐 1 hour 30 minutes

time taken...............................

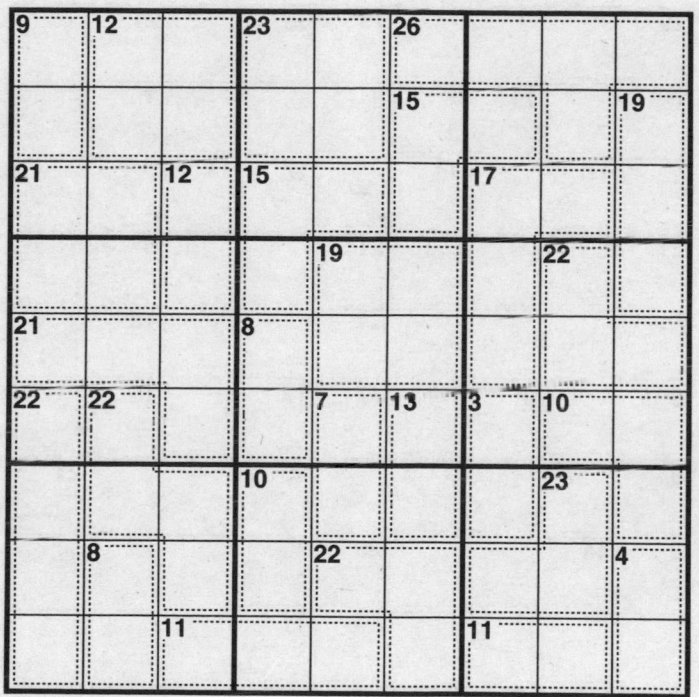

🕐 1 hour 30 minutes

time taken..............................

🕐 1 hour 30 minutes

time taken.............................

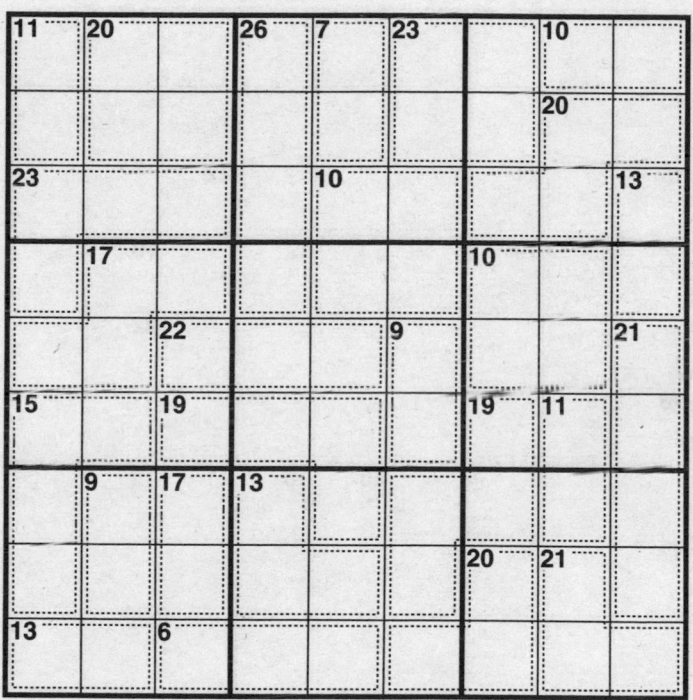

🕐 1 hour 30 minutes

time taken...............................

148

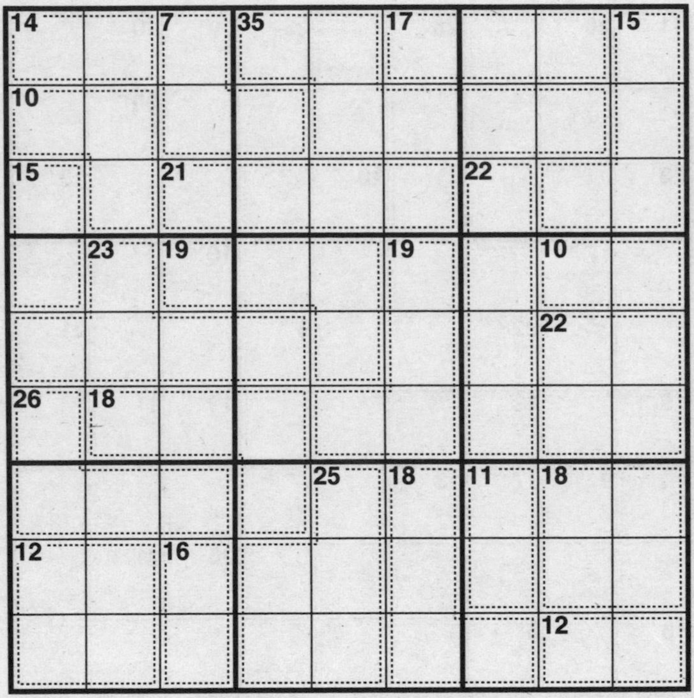

🕐 1 hour 30 minutes

time taken.............................

Ultimate Killer Su Doku

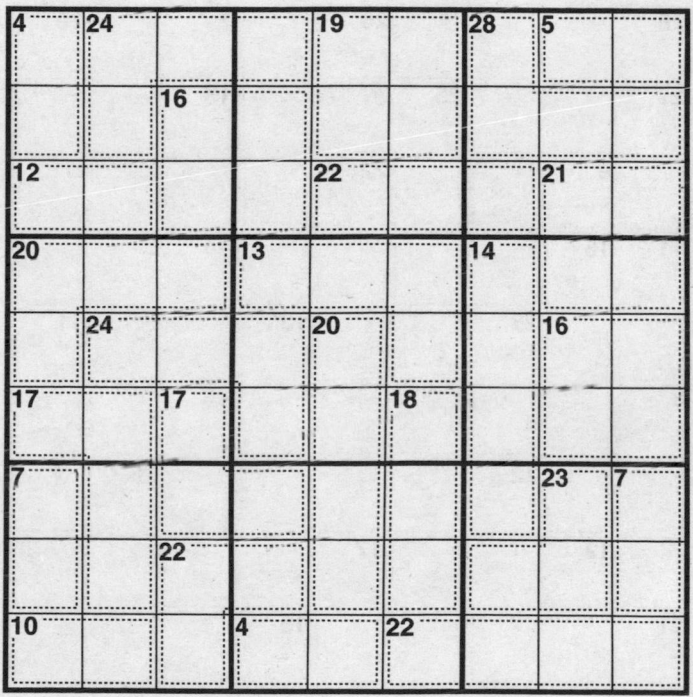

⏱ 1 hour 30 minutes

time taken..............................

150

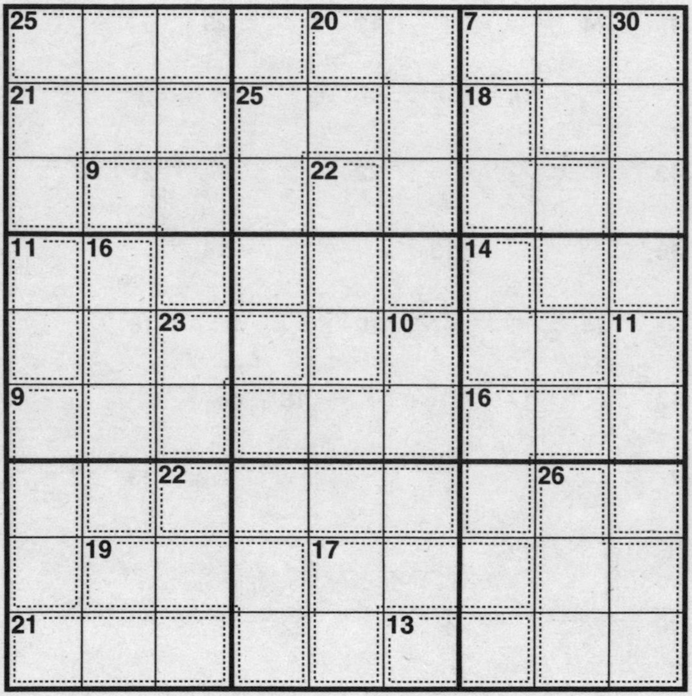

🕐 1 hour 30 minutes

time taken.............................

Ultimate Killer Su Doku

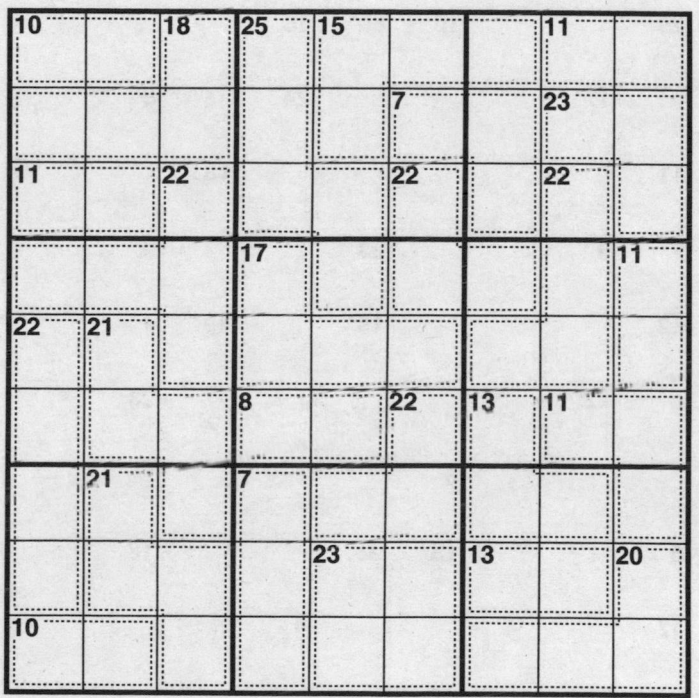

🕐 1 hour 50 minutes

time taken..............................

🕐 1 hour 50 minutes

time taken.............................

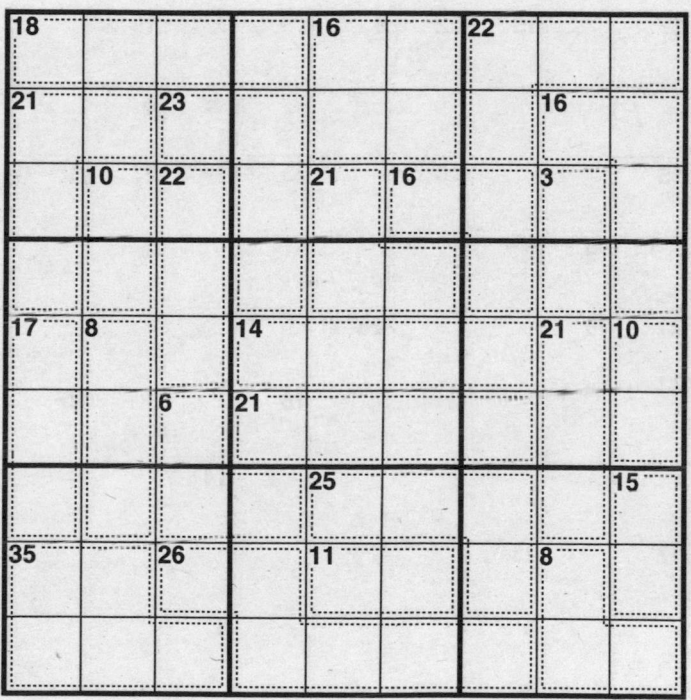

🕐 1 hour 50 minutes

time taken.............................

🕐 1 hour 50 minutes

time taken.............................

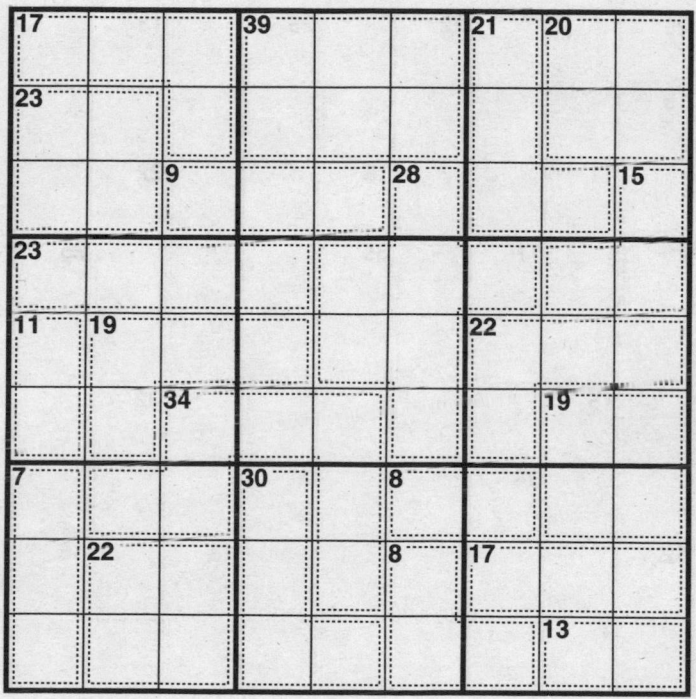

🕐 1 hour 50 minutes

time taken.............................

⏱ 1 hour 50 minutes

time taken..............................

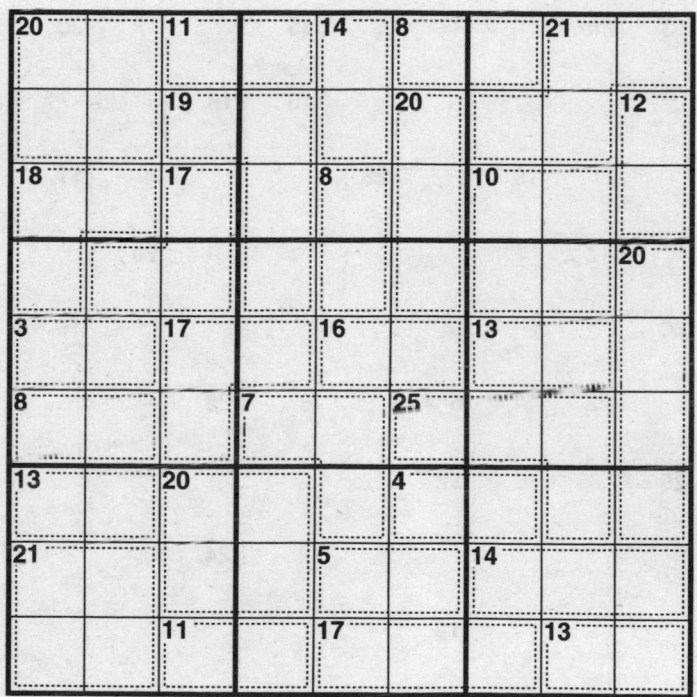

🕐 1 hour 50 minutes

time taken................................

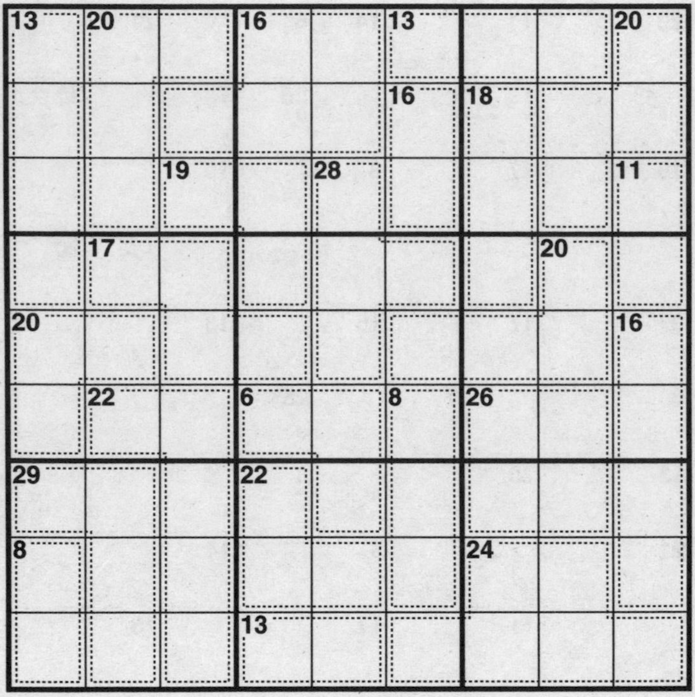

🕐 1 hour 50 minutes

time taken…………………………

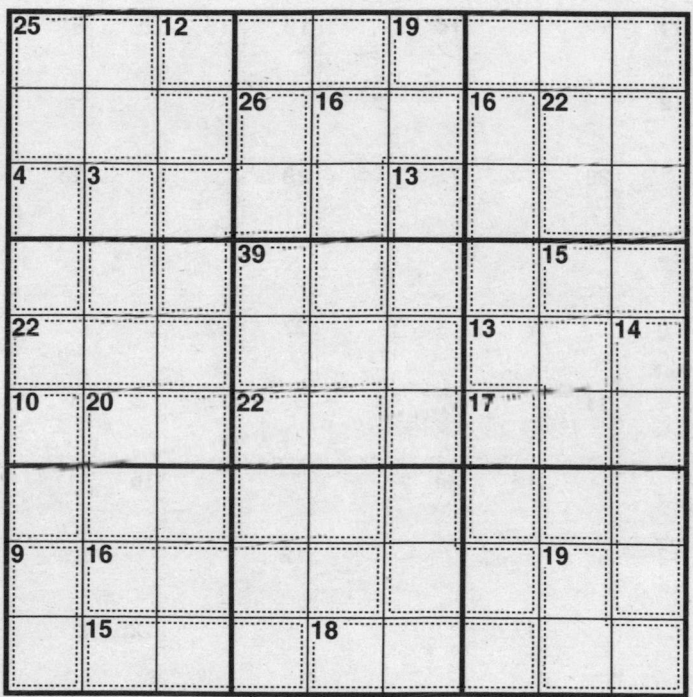

⏱ 1 hour 50 minutes

time taken...............................

160

🕐 1 hour 50 minutes

time taken..............................

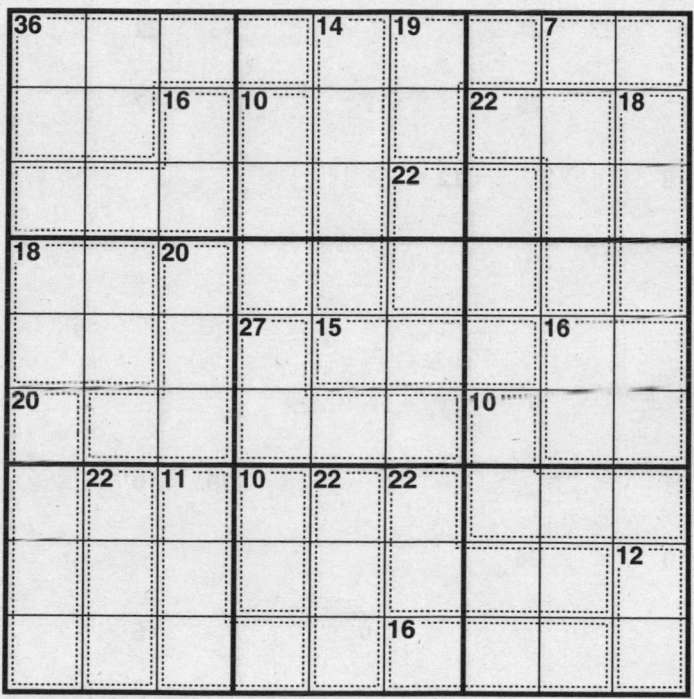

🕐 1 hour 50 minutes

time taken..............................

🕐 2 hours

time taken.............................

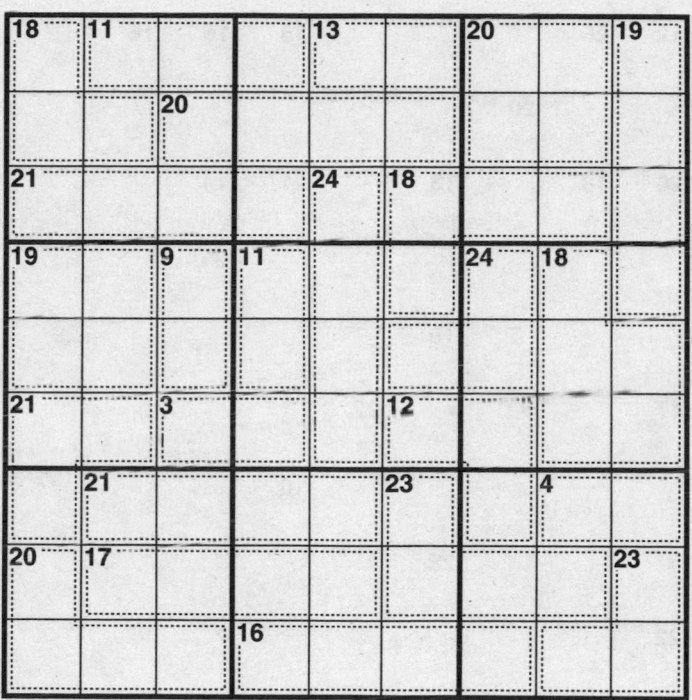

🕐 2 hours

time taken..............................

⏱ 2 hours

time taken.............................

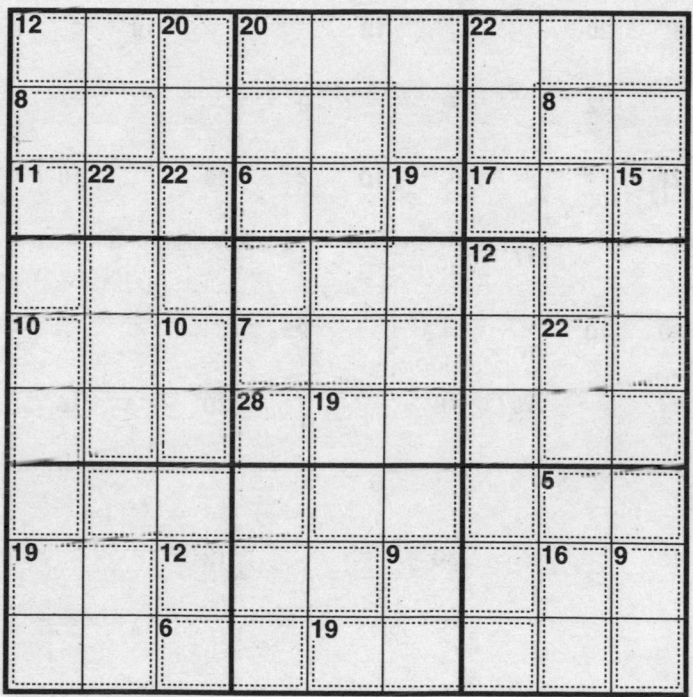

🕐 2 hours

time taken.............................

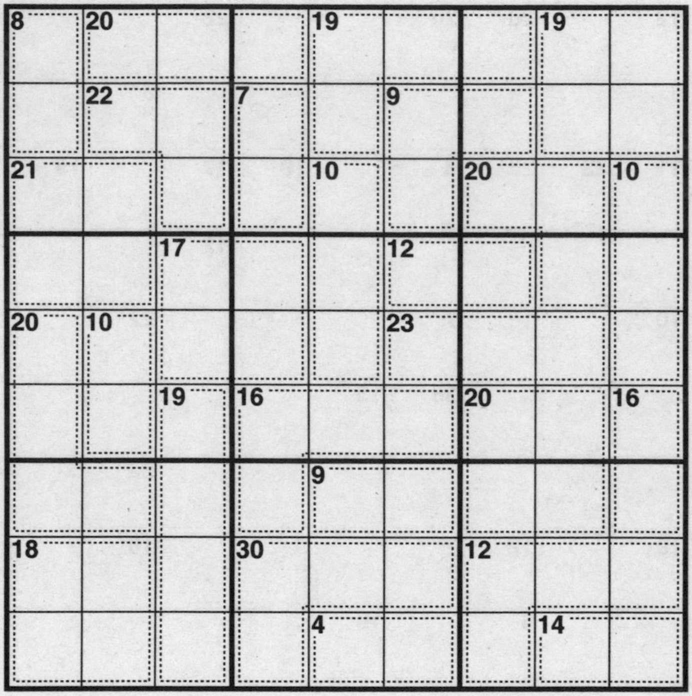

( ) 2 hours

time taken.............................

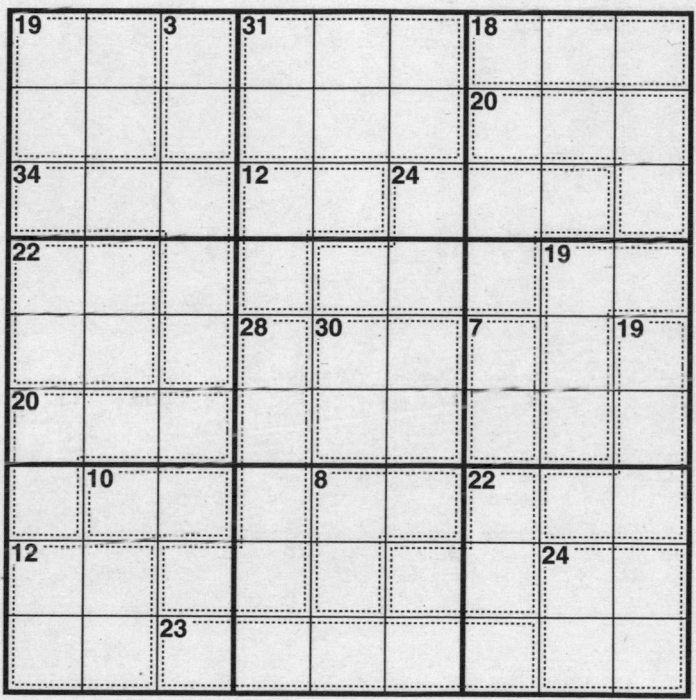

🕐 2 hours

time taken...............................

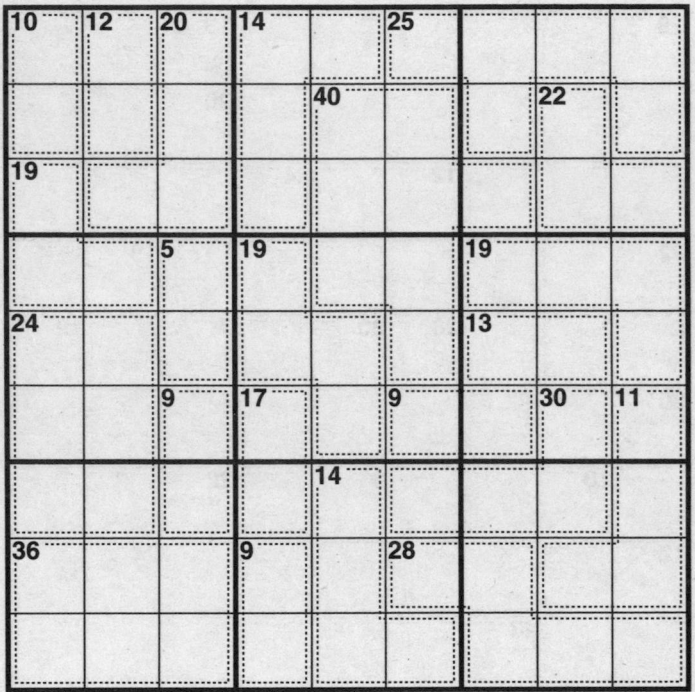

🕐 2 hours

time taken.............................

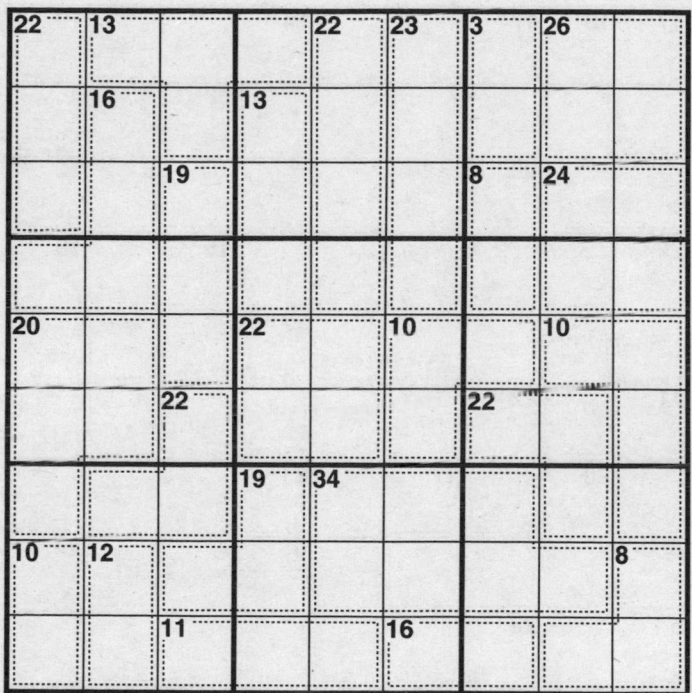

Extra Deadly

🕐 2 hours

time taken.............................

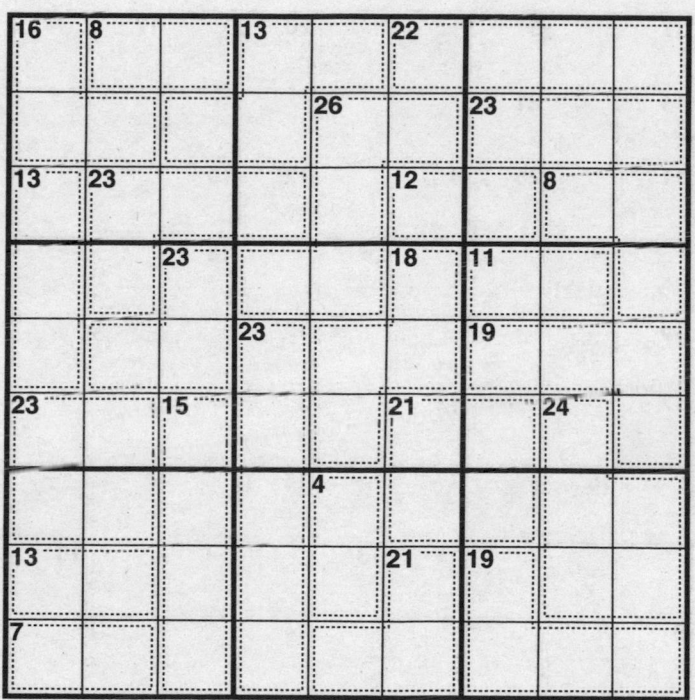

⏱ 2 hours

time taken...............................

🕐 2 hours

time taken..............................

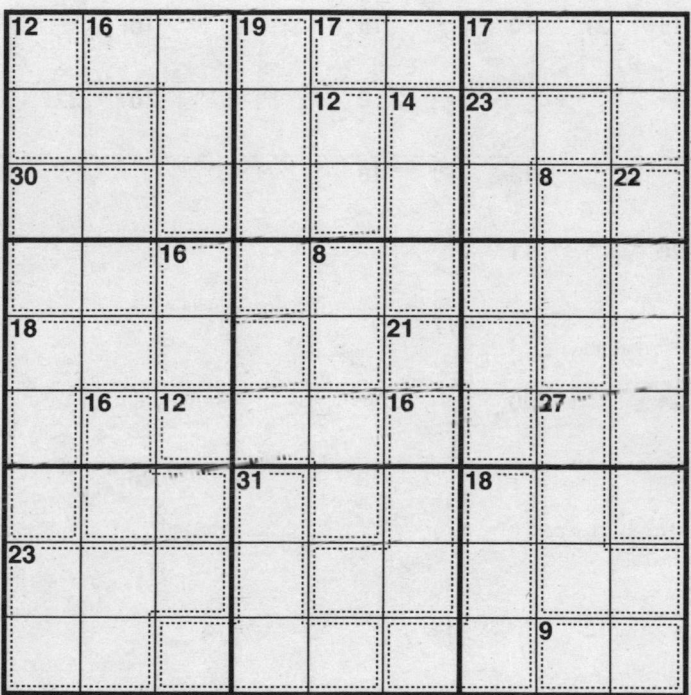

🕐 2 hours

time taken...............................

Extra Deadly

174

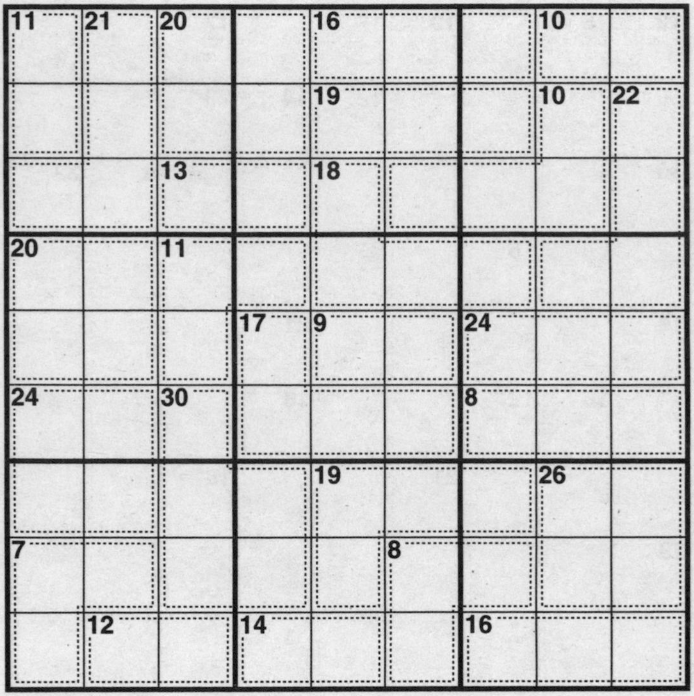

🕐 2 hours

time taken...........................

Ultimate Killer Su Doku

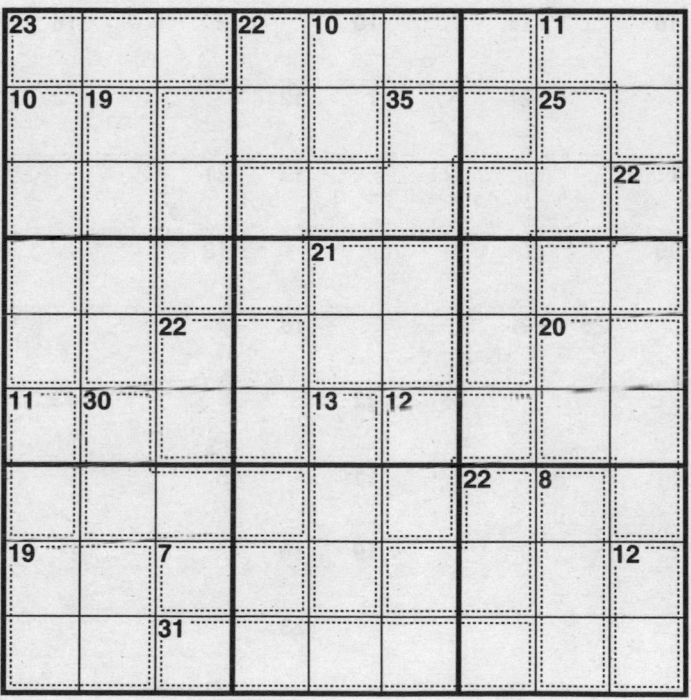

🕐 2 hours 20 minutes

time taken...............................

🕐 2 hours 20 minutes

time taken.............................

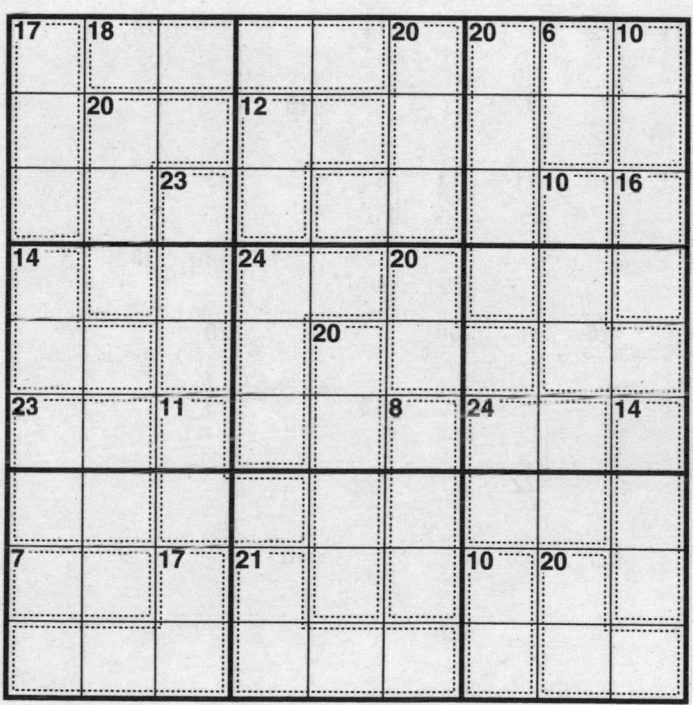

🕐 2 hours 20 minutes

time taken...............................

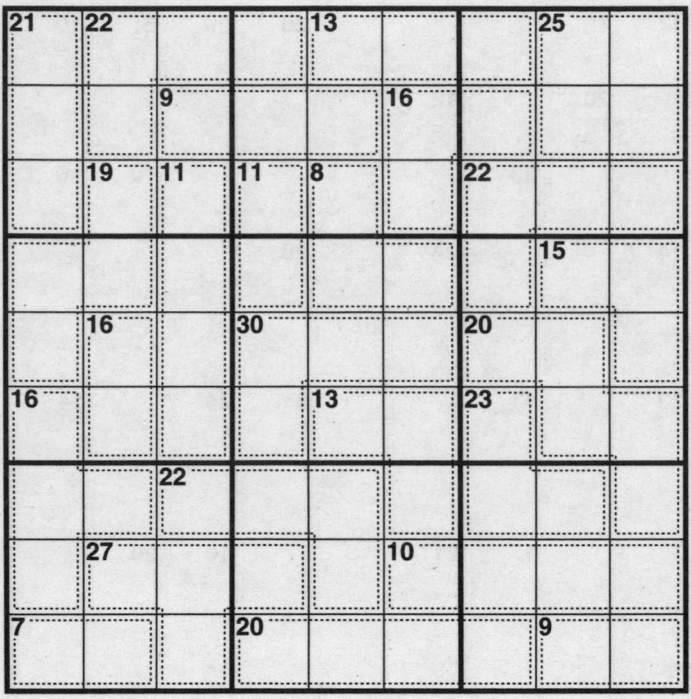

🕐 2 hours 20 minutes

time taken.............................

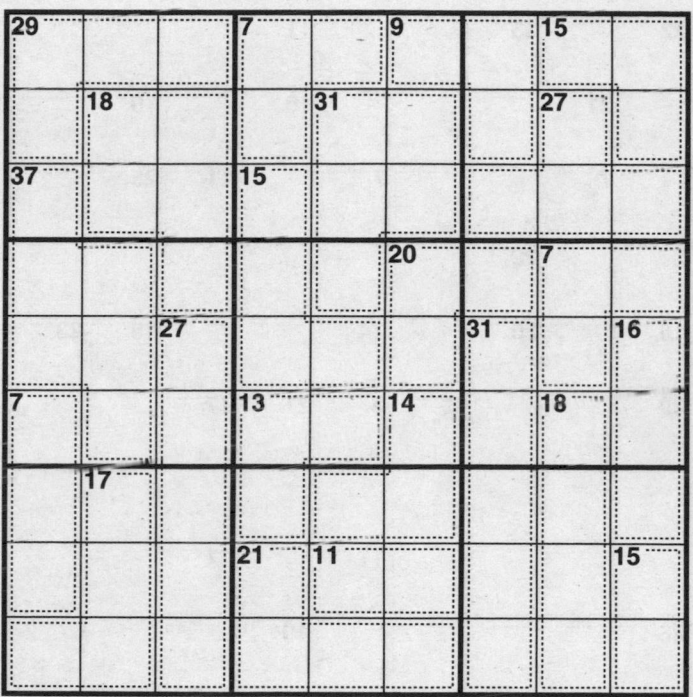

🕐 2 hours 20 minutes

time taken.............................

🕐 2 hours 20 minutes

time taken.............................

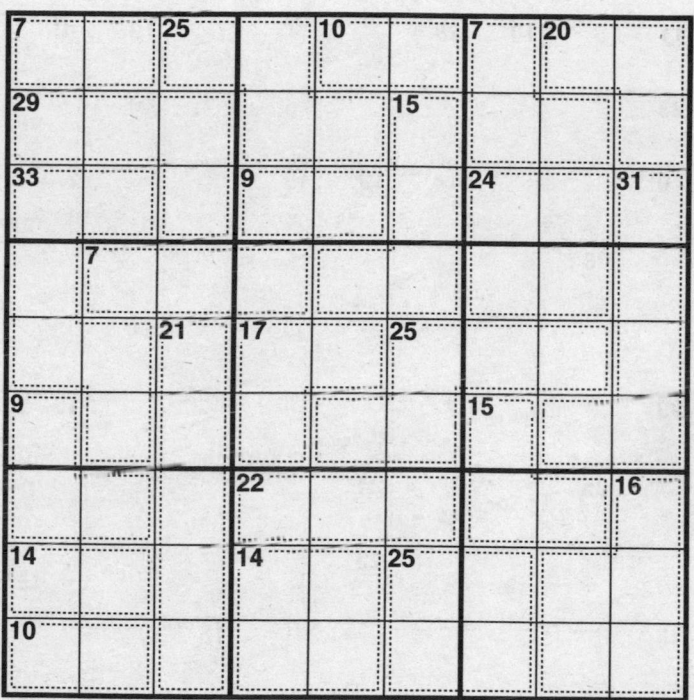

🕐 2 hours 20 minutes

time taken..............................

🕐 2 hours 20 minutes

time taken...............................

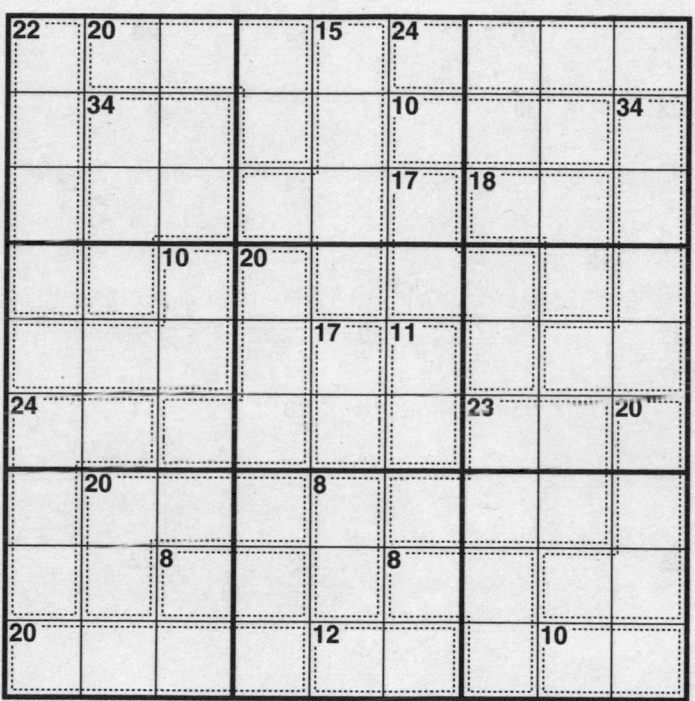

🕐 2 hours 20 minutes

time taken.............................

184

🕐 2 hours 20 minutes

time taken..............................

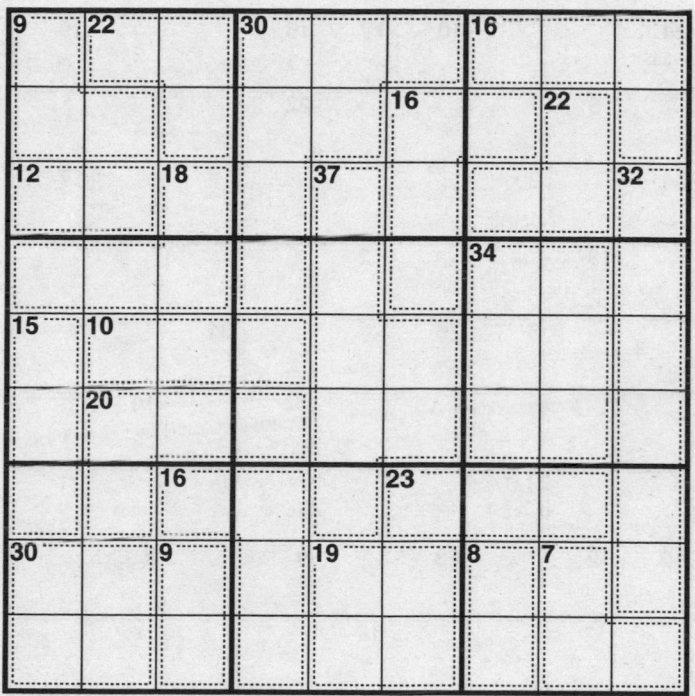

🕐 2 hours 40 minutes

time taken...............................

(L) 2 hours 40 minutes

time taken...............................

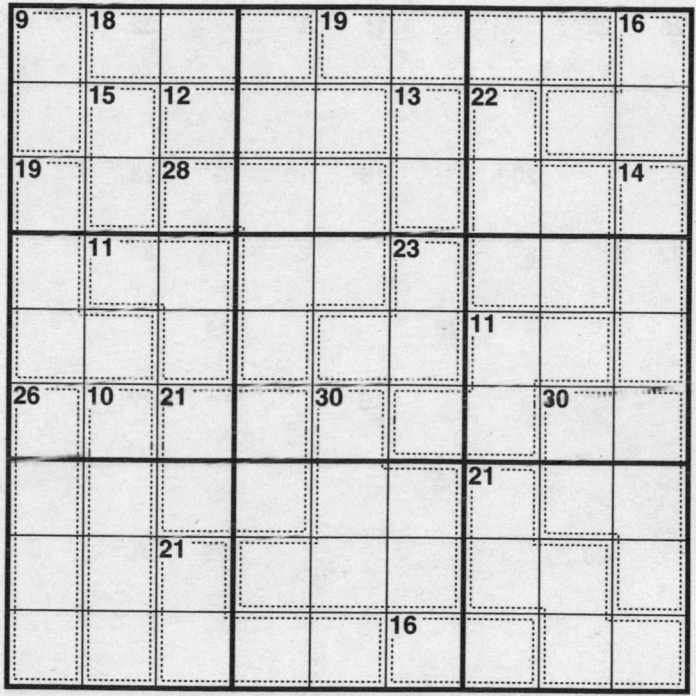

🕐 2 hours 40 minutes

time taken.............................

🕐 2 hours 40 minutes

time taken...............................

189

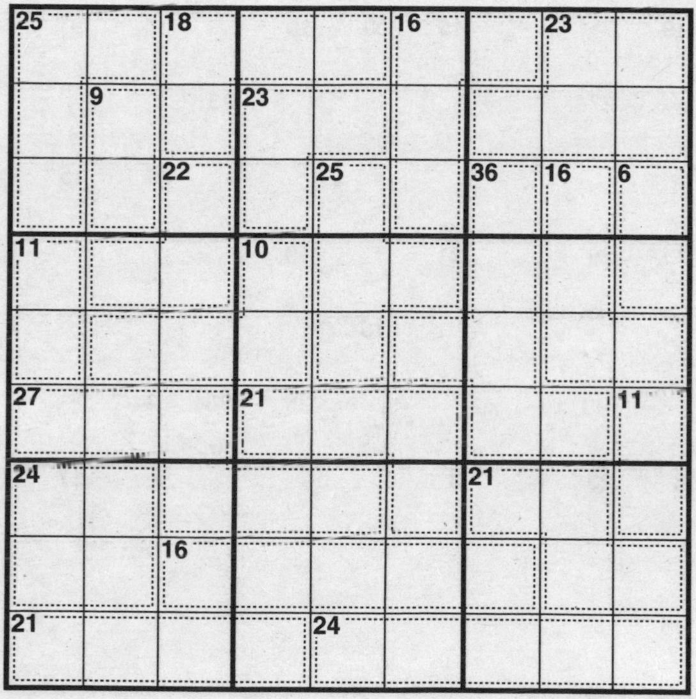

2 hours 40 minutes

time taken..............................

Extra Deadly

🕐 2 hours 40 minutes

time taken...........................

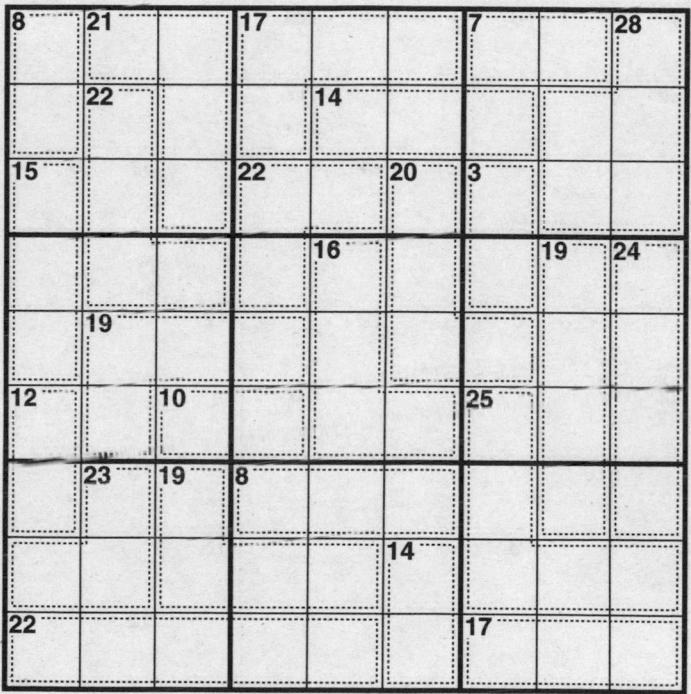

🕐 2 hours 40 minutes

time taken................................

🕐 2 hours 40 minutes

time taken...............................

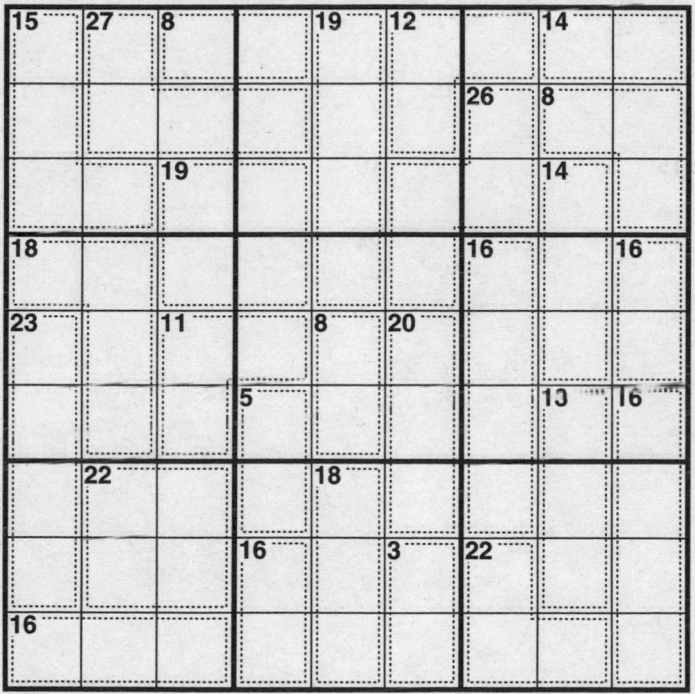

🕐 2 hours 40 minutes

time taken.............................

Extra Deadly

⏱ 2 hours 40 minutes

time taken............................

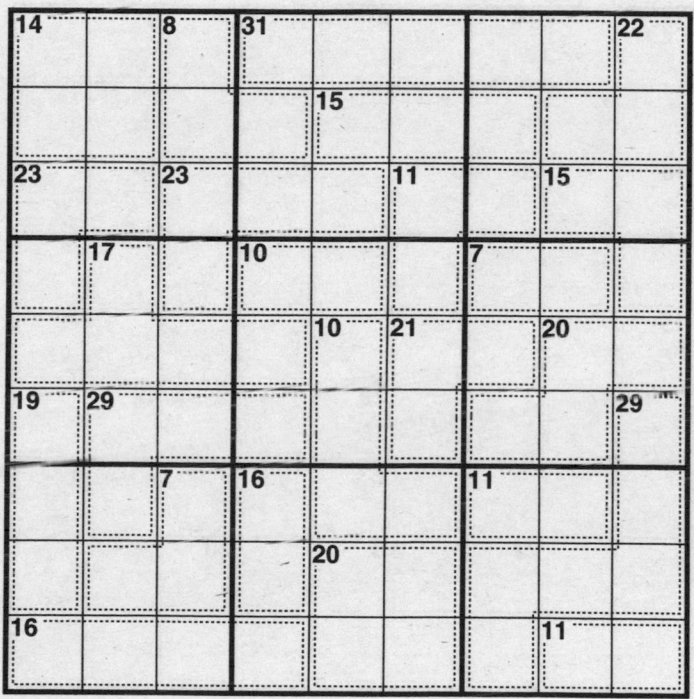

🕐 2 hours 40 minutes

time taken.............................

🕐 2 hours 40 minutes

time taken.............................

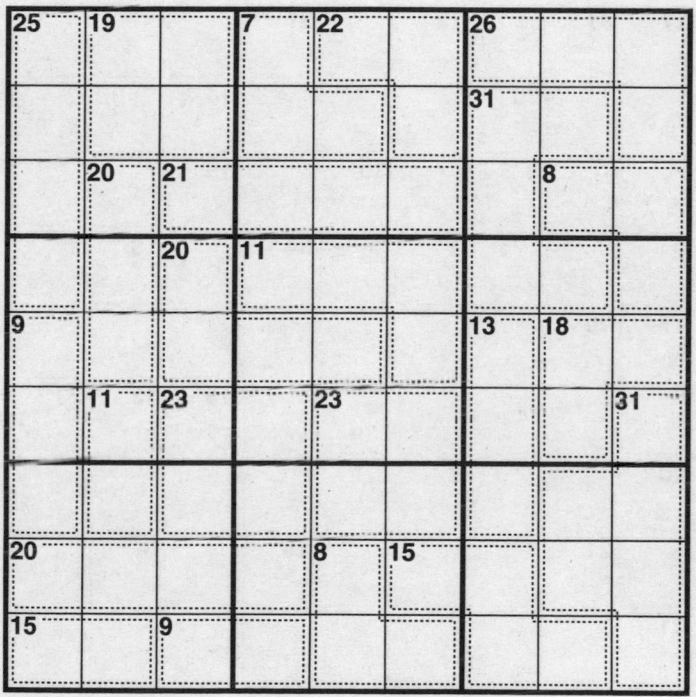

🕐 2 hours 40 minutes

time taken...............................

🕐 2 hours 40 minutes

time taken.............................

🕐 2 hours 40 minutes

time taken..............................

200

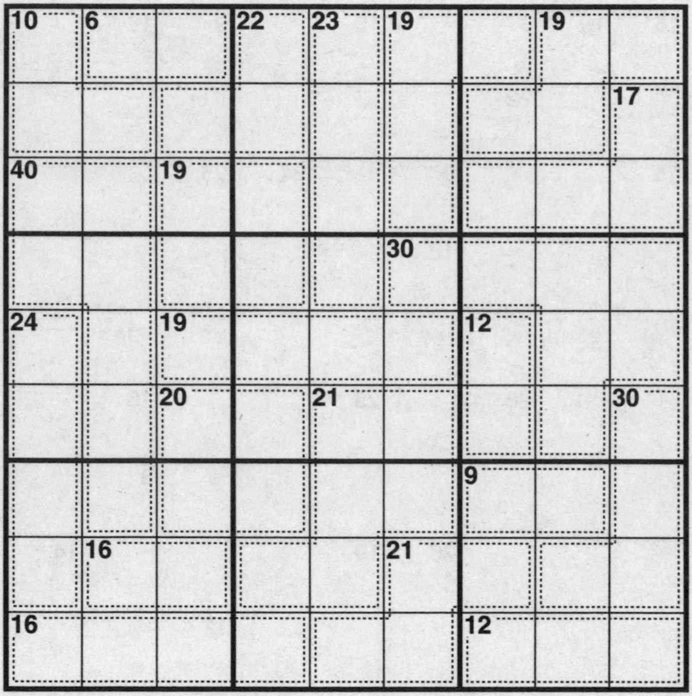

🕐 2 hours 40 minutes

time taken.............................

Ultimate Killer Su Doku

Cage Referencc

Cage combination reference

These are the various combinations of numbers for every possible total covering each of the cage sizes. This should save you time when checking the possibilities.

Cages with 2 squares:

Total	Combinations
3	12
4	13
5	14 23
6	15 24
7	16 25 34
8	17 26 35
9	18 27 36 45
10	19 28 37 46
11	29 38 47 56
12	39 48 57
13	49 58 67
14	59 68
15	69 78
16	79
17	89

Cages with 3 squares:

Total	Combinations
6	123
7	124
8	125 134
9	126 135 234
10	127 136 145 235
11	128 137 146 236 245
12	129 138 147 156 237 246 345
13	139 148 157 238 247 256 346
14	149 158 167 239 248 257 347 356
15	159 168 249 258 267 348 357 456
16	169 178 259 268 349 358 367 457
17	179 269 278 359 368 458 467
18	189 279 369 378 459 468 567
19	289 379 469 478 568
20	389 479 569 578
21	489 579 678
22	589 679
23	689
24	789

Cages with 4 squares:

Total	Combinations
10	1234
11	1235
12	1236 1245
13	1237 1246 1345
14	1238 1247 1256 1346 2345
15	1239 1248 1257 1347 1356 2346
16	1249 1258 1267 1348 1357 1456 2347 2356
17	1259 1268 1349 1358 1367 1457 2348 2357 2456
18	1269 1278 1359 1368 1458 1467 2349 2358 2367 2457 3456
19	1279 1369 1378 1459 1468 1567 2359 2368 2458 2467 3457
20	1289 1379 1469 1478 1568 2369 2378 2459 2468 2567 3458 3467
21	1389 1479 1569 1578 2379 2469 2478 2568 3459 3468 3567
22	1489 1579 1678 2389 2479 2569 2578 3469 3478 3568 4567
23	1589 1679 2489 2579 2678 3479 3569 3578 4568
24	1689 2589 2679 3489 3579 3678 4569 4578
25	1789 2689 3589 3679 4579 4678
26	2789 3689 4589 4679 5678
27	3789 4689 5679
28	4789 5689
29	5789
30	6789

Cages with 5 squares:

Total	Combinations
15	12345
16	12346
17	12347 12356
18	12348 12357 12456
19	12349 12358 12367 12457 13456
20	12359 12368 12458 12467 13457 23456
21	12369 12378 12459 12468 12567 13458 13467 23457
22	12379 12469 12478 12568 13459 13468 13567 23458 23467
23	12389 12479 12569 12578 13469 13478 13568 14567 23459 23468 23567
24	12489 12579 12678 13479 13569 13578 14568 23469 23478 23568 24567
25	12589 12679 13489 13579 13678 14569 14578 23479 23569 23578 24568 34567
26	12689 13589 13679 14579 14678 23489 23579 23678 24569 24578 34568
27	12789 13689 14589 14679 15678 23589 23679 24579 24678 34569 34578
28	13789 14689 15679 23689 24589 24679 25678 34579 34678
29	14789 15689 23789 24689 25679 34589 34679 35678
30	15789 24789 25689 34689 35679 45678
31	16789 25789 34789 35689 45679
32	26789 35789 45689
33	36789 45789
34	46789
35	56789

Cages with 6 squares:

Total Combinations
21   123456
22   123457
23   123458 123467
24   123459 123468 123567
25   123469 123478 123568 124567
26   123479 123569 123578 124568 134567
27   123489 123579 123678 124569 124578 134568 234567
28   123589 123679 124579 124678 134569 134578 234568
29   123689 124589 124679 125678 134579 134678 234569 234578
30   123789 124689 125679 134589 134679 135678 234579 234678
31   124789 125689 134689 135679 145678 234589 234679 235678
32   125789 134789 135689 145679 234689 235679 245678
33   126789 135789 145689 234789 235689 245679 345678
34   136789 145789 235789 245689 345679
35   146789 236789 245789 345689
36   156789 246789 345789
37   256789 346789
38   356789
39   456789

Cages with 7 squares:

Total Combinations
28   1234567
29   1234568
30   1234569 1234578
31   1234579 1234678
32   1234589 1234679 1235678
33   1234689 1235679 1245678
34   1234789 1235689 1245679 1345678
35   1235789 1245689 1345679 2345678
36   1236789 1245789 1345689 2345679
37   1246789 1345789 2345689
38   1256789 1346789 2345789
39   1356789 2346789
40   1456789 2356789
41   2456789
42   3456789

Cages with 8 squares:

Total	Combinations	Total	Combinations
36	12345678	41	12356789
37	12345679	42	12456789
38	12345689	43	13456789
39	12345789	44	23456789
40	12346789		

Solutions

1

4	6	5	1	8	3	7	9	2
8	7	1	4	2	9	3	6	5
9	3	2	6	5	7	8	1	4
3	4	7	5	6	8	9	2	1
5	9	6	2	3	1	4	8	7
2	1	8	7	9	4	5	3	6
1	2	9	8	4	5	6	7	3
7	8	4	3	1	6	2	5	9
6	5	3	9	7	2	1	4	8

2

7	3	9	1	5	2	6	4	8
6	1	5	8	4	3	2	9	7
2	8	4	7	9	6	3	1	5
8	4	1	9	3	7	5	2	6
5	6	3	2	8	1	4	7	9
9	7	2	5	6	4	1	8	3
3	2	7	6	1	8	9	5	4
1	9	6	4	7	5	8	3	2
4	5	8	3	2	9	7	6	1

3

6	2	8	4	5	3	9	1	7
7	9	1	8	2	6	3	4	5
3	5	4	1	7	9	2	8	6
8	6	5	2	4	7	1	3	9
2	7	9	3	1	8	5	6	4
4	1	3	9	6	5	8	7	2
5	8	2	7	3	4	6	9	1
9	4	6	5	8	1	7	2	3
1	3	7	6	9	2	4	5	8

4

6	2	9	7	1	4	5	3	8
7	3	1	9	5	8	2	4	6
5	4	8	2	3	6	9	7	1
1	5	3	8	6	7	4	2	9
8	6	2	3	4	9	1	5	7
4	9	7	1	2	5	6	8	3
2	1	6	5	7	3	8	9	4
9	7	5	4	8	1	3	6	2
3	8	4	6	9	2	7	1	5

5

2	9	7	5	3	6	1	4	8
6	4	5	8	1	9	7	2	3
3	8	1	4	7	2	6	5	9
9	7	8	2	4	1	3	6	5
4	5	3	6	8	7	9	1	2
1	6	2	9	5	3	4	8	7
7	3	4	1	2	5	8	9	6
8	2	6	3	9	4	5	7	1
5	1	9	7	6	8	2	3	4

6

8	2	6	1	7	5	3	9	4
5	3	4	8	9	6	1	7	2
7	9	1	4	3	2	8	5	6
4	5	9	7	8	1	2	6	3
2	8	3	5	6	4	7	1	9
1	6	7	9	2	3	5	4	8
9	4	5	2	1	8	6	3	7
3	1	8	6	4	7	9	2	5
6	7	2	3	5	9	4	8	1

7

5	6	7	1	4	3	9	8	2
4	8	2	9	6	5	1	3	7
3	9	1	8	2	7	5	6	4
9	1	5	4	3	8	7	2	6
7	4	3	6	1	2	8	9	5
8	2	6	5	7	9	4	1	3
6	7	8	2	5	1	3	4	9
2	5	9	3	8	4	6	7	1
1	3	4	7	9	6	2	5	8

8

7	8	9	5	3	1	6	4	2
1	6	4	2	8	9	3	7	5
5	3	2	6	7	4	8	1	9
2	7	6	3	4	5	9	8	1
3	5	1	9	6	8	7	2	4
9	4	8	7	1	2	5	6	3
6	9	7	4	2	3	1	5	8
4	1	5	8	9	6	2	3	7
8	2	3	1	5	7	4	9	6

9

4	2	6	7	5	1	3	9	8
3	1	8	9	6	4	7	2	5
5	9	7	3	2	8	6	1	4
6	3	2	5	9	7	4	8	1
7	5	1	8	4	3	9	6	2
9	8	4	2	1	6	5	7	3
2	4	9	1	7	5	8	3	6
8	7	5	6	3	2	1	4	9
1	6	3	4	8	9	2	5	7

10

6	4	5	3	8	2	9	7	1
9	3	1	6	4	7	2	5	8
2	7	8	9	5	1	4	3	6
8	6	2	5	1	9	3	4	7
4	9	7	2	3	6	8	1	5
1	5	3	8	7	4	6	9	2
5	2	4	7	9	8	1	6	3
7	1	6	4	2	3	5	8	9
3	8	9	1	6	5	7	2	4

11

2	6	4	7	8	3	1	9	5
7	3	9	5	4	1	6	2	8
1	5	8	6	9	2	3	7	4
9	7	1	2	3	4	8	5	6
4	8	3	9	6	5	2	1	7
5	2	6	8	1	7	9	4	3
3	4	2	1	5	8	7	6	9
6	1	5	3	7	9	4	8	2
8	9	7	4	2	6	5	3	1

12

7	5	6	3	9	2	1	4	8
2	3	8	1	4	7	5	6	9
4	1	9	6	8	5	7	3	2
3	9	2	5	7	8	6	1	4
6	7	4	9	2	1	8	5	3
1	8	5	4	3	6	9	2	7
9	6	7	2	5	3	4	8	1
8	2	1	7	6	4	3	9	5
5	4	3	8	1	9	2	7	6

13

6	4	9	7	8	5	3	1	2
5	8	1	3	2	4	9	7	6
3	7	2	1	6	9	5	8	4
7	9	3	6	4	8	2	5	1
4	2	6	5	3	1	8	9	7
1	5	8	2	9	7	4	6	3
8	1	4	9	7	3	6	2	5
2	3	5	8	1	6	7	4	9
9	6	7	4	5	2	1	3	8

14

8	1	7	5	2	3	4	6	9
4	9	6	1	7	8	3	2	5
3	5	2	9	4	6	1	8	7
6	2	4	3	9	1	7	5	8
1	7	8	4	6	5	9	3	2
5	3	9	7	8	2	6	1	4
7	6	5	2	1	4	8	9	3
2	4	1	8	3	9	5	7	6
9	8	3	6	5	7	2	4	1

15

9	4	2	6	1	8	3	5	7
6	1	7	2	5	3	4	9	8
5	8	3	4	9	7	6	2	1
3	2	8	9	7	4	5	1	6
4	5	9	1	8	6	2	7	3
1	7	6	3	2	5	9	8	4
2	3	5	7	6	1	8	4	9
8	6	1	5	4	9	7	3	2
7	9	4	8	3	2	1	6	5

16

1	5	7	3	8	4	2	6	9
2	9	3	5	1	6	7	8	4
6	4	8	9	7	2	1	5	3
4	7	2	8	9	3	6	1	5
5	3	6	1	2	7	4	9	8
9	8	1	4	6	5	3	7	2
8	1	4	6	3	9	5	2	7
3	2	9	7	5	1	8	4	6
7	6	5	2	4	8	9	3	1

17

9	3	2	8	5	1	4	6	7
6	5	1	3	4	7	9	8	2
7	8	4	9	6	2	1	5	3
5	7	3	6	2	4	8	1	9
4	1	8	5	3	9	7	2	6
2	6	9	1	7	8	3	4	5
3	4	6	7	8	5	2	9	1
1	2	5	4	9	3	6	7	8
8	9	7	2	1	6	5	3	4

18

1	5	8	9	7	4	2	3	6
2	7	4	1	3	6	8	5	9
6	9	3	8	2	5	1	7	4
7	3	2	4	1	8	6	9	5
5	8	6	3	9	2	7	4	1
4	1	9	5	6	7	3	2	8
9	6	7	2	5	1	4	8	3
8	2	5	6	4	3	9	1	7
3	4	1	7	8	9	5	6	2

19

9	4	2	7	5	6	3	8	1
1	7	3	8	9	4	2	6	5
5	6	8	1	3	2	9	4	7
2	9	7	6	4	5	8	1	3
3	5	6	9	8	1	7	2	4
4	8	1	3	2	7	5	9	6
8	2	4	5	1	3	6	7	9
7	1	5	2	6	9	4	3	8
6	3	9	4	7	8	1	5	2

20

2	1	9	3	6	5	8	7	4
5	8	4	7	9	1	6	3	2
7	3	6	8	4	2	9	5	1
8	2	7	9	5	6	4	1	3
1	9	5	4	8	3	7	2	6
6	4	3	2	1	7	5	8	9
9	7	8	1	2	4	3	6	5
3	5	1	6	7	9	2	4	8
4	6	2	5	3	8	1	9	7

21

7	2	5	6	9	3	4	8	1
3	9	4	8	1	5	7	2	6
6	1	8	4	7	2	3	5	9
2	5	1	3	8	7	6	9	4
4	7	3	9	5	6	8	1	2
8	6	9	2	4	1	5	3	7
5	3	6	1	2	4	9	7	8
1	8	7	5	6	9	2	4	3
9	4	2	7	3	8	1	6	5

22

3	8	7	6	1	9	2	5	4
5	6	9	2	3	4	8	7	1
2	4	1	7	5	8	6	9	3
6	9	4	5	8	7	1	3	2
8	1	3	9	2	6	5	4	7
7	2	5	3	4	1	9	8	6
4	7	2	8	6	5	3	1	9
1	3	8	4	9	2	7	6	5
9	5	6	1	7	3	4	2	8

23

2	1	6	9	4	7	3	8	5
3	7	4	1	8	5	6	9	2
5	8	9	2	3	6	7	1	4
8	6	5	4	7	1	2	3	9
4	3	7	8	2	9	1	5	6
1	9	2	5	6	3	8	4	7
6	4	3	7	9	8	5	2	1
9	5	8	6	1	2	4	7	3
7	2	1	3	5	4	9	6	8

24

6	1	4	2	3	7	5	9	8
3	7	9	8	5	4	6	2	1
8	2	5	9	6	1	7	3	4
5	9	3	6	8	2	1	4	7
1	4	2	3	7	5	8	6	9
7	8	6	4	1	9	2	5	3
9	6	1	5	4	8	3	7	2
4	3	8	7	2	6	9	1	5
2	5	7	1	9	3	4	8	6

25

5	2	8	7	6	1	3	9	4
4	6	9	5	8	3	2	7	1
7	1	3	4	2	9	5	8	6
6	4	1	3	9	8	7	2	5
3	5	2	1	7	4	9	6	8
8	9	7	6	5	2	1	4	3
1	7	5	9	4	6	8	3	2
2	3	4	8	1	7	6	5	9
9	8	6	2	3	5	4	1	7

26

1	4	6	9	7	8	2	3	5
9	3	5	1	2	4	6	7	8
8	7	2	3	6	5	9	1	4
5	6	8	2	1	9	7	4	3
4	9	3	7	5	6	1	8	2
2	1	7	4	8	3	5	9	6
3	2	4	5	9	7	8	6	1
6	5	9	8	4	1	3	2	7
7	8	1	6	3	2	4	5	9

27

3	1	4	7	6	8	5	9	2
9	6	7	5	2	1	3	4	8
8	5	2	9	4	3	7	6	1
2	3	5	1	9	6	8	7	4
1	9	6	4	8	7	2	5	3
7	4	8	3	5	2	6	1	9
6	8	1	2	7	9	4	3	5
5	7	3	8	1	4	9	2	6
4	2	9	6	3	5	1	8	7

28

8	3	1	2	7	9	4	5	6
9	4	7	5	3	6	2	1	8
5	2	6	1	8	4	7	9	3
2	1	8	9	4	5	6	3	7
3	5	9	7	6	8	1	2	4
6	7	4	3	2	1	5	8	9
1	6	3	8	5	7	9	4	2
4	9	2	6	1	3	8	7	5
7	8	5	4	9	2	3	6	1

29

1	8	5	7	2	4	3	9	6
3	7	6	1	9	5	4	8	2
2	4	9	8	3	6	5	1	7
4	5	2	9	8	3	6	7	1
9	3	7	2	6	1	8	4	5
8	6	1	5	4	7	9	2	3
5	2	8	6	1	9	7	3	4
6	1	4	3	7	8	2	5	9
7	9	3	4	5	2	1	6	8

30

5	3	8	6	1	2	4	9	7
6	4	9	5	7	3	1	8	2
2	7	1	8	9	4	6	3	5
7	8	3	9	2	6	5	4	1
1	2	4	3	5	7	8	6	9
9	6	5	4	8	1	2	7	3
3	1	6	2	4	9	7	5	8
8	9	7	1	6	5	3	2	4
4	5	2	7	3	8	9	1	6

31

7	1	2	6	3	9	5	8	4
9	5	8	4	2	1	7	3	6
4	3	6	8	5	7	9	2	1
5	7	1	3	9	4	8	6	2
3	6	4	7	8	2	1	9	5
8	2	9	1	6	5	4	7	3
6	8	7	5	1	3	2	4	9
2	4	5	9	7	6	3	1	8
1	9	3	2	4	8	6	5	7

32

7	5	8	2	3	4	9	1	6
1	3	6	9	7	5	8	2	4
2	9	4	1	6	8	5	3	7
4	1	3	7	9	6	2	8	5
8	7	2	4	5	1	6	9	3
9	6	5	8	2	3	7	4	1
3	8	7	5	1	2	4	6	9
5	4	1	6	8	9	3	7	2
6	2	9	3	4	7	1	5	8

33

2	4	6	8	5	9	7	3	1
3	9	5	1	4	7	8	6	2
7	1	8	6	3	2	4	9	5
6	7	3	4	1	5	2	8	9
1	2	9	7	6	8	3	5	4
5	8	4	2	9	3	6	1	7
9	5	2	3	7	6	1	4	8
8	3	1	9	2	4	5	7	6
4	6	7	5	8	1	9	2	3

34

3	9	6	4	5	1	7	2	8
5	2	8	3	9	7	4	6	1
1	4	7	6	8	2	5	9	3
6	8	3	7	4	9	1	5	2
4	1	9	5	2	6	3	8	7
2	7	5	1	3	8	9	4	6
8	6	1	9	7	4	2	3	5
7	5	4	2	6	3	8	1	9
9	3	2	8	1	5	6	7	4

35

7	2	1	3	9	6	8	5	4
9	8	4	5	1	7	6	2	3
5	6	3	2	4	8	9	1	7
8	4	7	9	3	2	1	6	5
3	1	9	6	7	5	4	8	2
2	5	6	4	8	1	3	7	9
1	9	2	7	6	3	5	4	8
6	3	5	8	2	4	7	9	1
4	7	8	1	5	9	2	3	6

36

2	8	5	7	6	9	4	1	3
4	7	1	2	3	8	9	6	5
9	3	6	4	5	1	7	2	8
7	1	8	3	9	2	6	5	4
5	9	3	6	7	4	1	8	2
6	4	2	8	1	5	3	9	7
8	6	9	5	4	3	2	7	1
1	2	4	9	8	7	5	3	6
3	5	7	1	2	6	8	4	9

37

1	4	6	7	9	3	5	2	8
3	5	7	4	2	8	6	9	1
8	9	2	5	6	1	3	4	7
6	2	9	1	4	5	8	7	3
4	8	1	3	7	2	9	5	6
7	3	5	6	8	9	2	1	4
9	7	4	8	5	6	1	3	2
5	1	8	2	3	7	4	6	9
2	6	3	9	1	4	7	8	5

38

3	2	7	5	6	4	1	9	8
5	4	8	1	9	2	7	3	6
1	6	9	8	3	7	2	4	5
6	8	1	2	4	5	3	7	9
2	7	5	9	8	3	4	6	1
4	9	3	6	7	1	5	8	2
8	3	2	4	1	6	9	5	7
7	1	6	3	5	9	8	2	4
9	5	4	7	2	8	6	1	3

39

6	1	9	7	3	5	2	8	4
2	7	8	1	4	6	3	5	9
3	4	5	8	2	9	1	6	7
9	8	1	5	6	4	7	2	3
5	6	3	2	9	7	4	1	8
4	2	7	3	8	1	5	9	6
8	5	2	9	7	3	6	4	1
7	9	6	4	1	2	8	3	5
1	3	4	6	5	8	9	7	2

40

1	7	6	2	3	4	5	8	9
8	9	2	7	1	5	6	3	4
3	4	5	6	8	9	7	2	1
2	6	9	3	5	7	1	4	8
4	8	1	9	6	2	3	7	5
7	5	3	8	4	1	2	9	6
9	2	8	1	7	6	4	5	3
5	1	7	4	9	3	8	6	2
6	3	4	5	2	8	9	1	7

41

6	7	5	3	1	4	9	2	8
4	3	9	8	2	7	1	6	5
2	1	8	6	9	5	7	4	3
3	6	7	4	8	1	5	9	2
8	9	2	5	6	3	4	1	7
1	5	4	9	7	2	3	8	6
9	4	6	7	3	8	2	5	1
5	2	3	1	4	6	8	7	9
7	8	1	2	5	9	6	3	4

42

9	1	6	8	2	7	4	3	5
8	3	7	1	5	4	2	9	6
5	4	2	6	9	3	7	1	8
3	6	5	9	7	1	8	4	2
1	8	9	2	4	5	3	6	7
7	2	4	3	6	8	9	5	1
6	9	8	5	3	2	1	7	4
2	7	3	4	1	6	5	8	9
4	5	1	7	8	9	6	2	3

43

3	1	9	5	8	7	4	2	6
6	8	5	9	4	2	3	1	7
4	7	2	3	1	6	9	8	5
7	4	3	8	6	5	1	9	2
8	2	6	7	9	1	5	3	4
5	9	1	4	2	3	7	6	8
1	6	4	2	7	9	8	5	3
2	5	7	1	3	8	6	4	9
9	3	8	6	5	4	2	7	1

44

7	1	2	9	6	4	3	5	8
6	9	5	1	8	3	7	4	2
4	8	3	7	5	2	6	1	9
5	2	7	6	4	1	9	8	3
8	3	1	5	7	9	2	6	4
9	4	6	3	2	8	5	7	1
3	6	4	8	9	5	1	2	7
2	5	9	4	1	7	8	3	6
1	7	8	2	3	6	4	9	5

45

9	5	2	4	3	1	7	6	8
3	6	8	9	7	5	4	2	1
1	7	4	2	8	6	5	3	9
2	3	6	5	4	9	1	8	7
4	8	7	6	1	3	9	5	2
5	1	9	7	2	8	3	4	6
8	9	1	3	6	4	2	7	5
7	4	5	8	9	2	6	1	3
6	2	3	1	5	7	8	9	4

46

4	8	5	2	9	1	7	6	3
6	1	3	8	7	5	2	4	9
7	2	9	4	3	6	1	5	8
3	6	1	7	2	8	5	9	4
8	4	7	3	5	9	6	2	1
9	5	2	6	1	4	8	3	7
5	9	6	1	4	7	3	8	2
1	3	8	9	6	2	4	7	5
2	7	4	5	8	3	9	1	6

47

6	8	3	9	5	7	4	2	1
1	9	4	2	3	6	5	7	8
5	2	7	1	4	8	6	9	3
4	7	6	8	1	5	2	3	9
3	5	8	7	9	2	1	4	6
9	1	2	3	6	4	7	8	5
7	3	5	6	2	9	8	1	4
2	6	9	4	8	1	3	5	7
8	4	1	5	7	3	9	6	2

48

5	1	2	7	3	6	9	4	8
3	4	9	2	8	1	6	5	7
7	6	8	9	5	4	1	2	3
1	2	7	5	6	8	3	9	4
6	5	4	3	7	9	8	1	2
9	8	3	4	1	2	5	7	6
4	9	5	8	2	3	7	6	1
8	7	1	6	4	5	2	3	9
2	3	6	1	9	7	4	8	5

49

6	5	1	9	8	2	3	7	4
8	3	9	7	5	4	1	2	6
7	2	4	6	3	1	5	8	9
2	8	5	3	7	9	4	6	1
3	4	6	2	1	8	7	9	5
1	9	7	4	6	5	8	3	2
5	6	8	1	2	7	9	4	3
4	1	3	8	9	6	2	5	7
9	7	2	5	4	3	6	1	8

50

7	4	8	3	1	2	6	5	9
1	6	9	5	7	4	8	3	2
5	2	3	6	8	9	7	1	4
6	8	7	4	5	3	9	2	1
3	9	2	8	6	1	4	7	5
4	5	1	9	2	7	3	6	8
9	1	4	2	3	6	5	8	7
2	3	5	7	4	8	1	9	6
8	7	6	1	9	5	2	4	3

51

3	2	6	8	5	1	9	7	4
1	7	8	4	6	9	3	2	5
4	5	9	3	7	2	1	8	6
7	3	2	6	4	5	8	9	1
6	9	1	2	3	8	5	4	7
5	8	4	9	1	7	6	3	2
2	1	7	5	8	3	4	6	9
8	4	5	7	9	6	2	1	3
9	6	3	1	2	4	7	5	8

52

3	2	8	6	4	1	9	5	7
1	5	9	8	7	3	4	6	2
4	7	6	5	2	9	8	3	1
2	9	1	4	8	5	3	7	6
7	8	3	1	6	2	5	4	9
5	6	4	3	9	7	2	1	8
6	1	2	9	3	4	7	8	5
9	3	5	7	1	8	6	2	4
8	4	7	2	5	6	1	9	3

53

7	3	2	9	8	1	5	6	4
8	6	1	4	5	3	7	9	2
9	4	5	2	7	6	1	8	3
1	8	7	6	3	9	4	2	5
2	5	3	8	4	7	9	1	6
6	9	4	1	2	5	3	7	8
3	1	9	5	6	2	8	4	7
4	7	6	3	1	8	2	5	9
5	2	8	7	9	4	6	3	1

54

4	3	1	9	7	2	8	5	6
8	7	6	5	3	1	2	9	4
5	9	2	8	6	4	1	3	7
7	2	3	1	4	8	5	6	9
1	4	9	6	5	7	3	8	2
6	5	8	2	9	3	4	7	1
2	8	7	3	1	6	9	4	5
3	6	5	4	2	9	7	1	8
9	1	4	7	8	5	6	2	3

55

2	1	5	7	9	3	8	4	6
7	4	9	6	1	8	5	3	2
8	3	6	4	5	2	7	1	9
9	6	1	3	7	5	2	8	4
5	2	3	8	4	9	6	7	1
4	8	7	2	6	1	9	5	3
6	7	8	1	2	4	3	9	5
3	9	4	5	8	6	1	2	7
1	5	2	9	3	7	4	6	8

56

3	8	6	9	2	5	4	1	7
2	7	1	6	3	4	5	8	9
4	5	9	1	7	8	2	6	3
9	3	4	5	8	1	7	2	6
7	1	5	3	6	2	9	4	8
6	2	8	7	4	9	3	5	1
1	6	3	4	5	7	8	9	2
8	4	7	2	9	6	1	3	5
5	9	2	8	1	3	6	7	4

57

8	2	1	6	9	7	4	3	5
4	6	3	5	8	2	7	9	1
7	5	9	4	3	1	8	2	6
3	7	2	9	1	6	5	4	8
6	8	4	7	2	5	3	1	9
1	9	5	8	4	3	6	7	2
2	1	6	3	5	4	9	8	7
9	4	7	1	6	8	2	5	3
5	3	8	2	7	9	1	6	4

58

7	4	9	8	5	3	2	6	1
8	6	1	9	7	2	3	4	5
5	2	3	6	4	1	7	8	9
1	3	4	5	2	9	6	7	8
2	9	7	4	8	6	1	5	3
6	8	5	3	1	7	9	2	4
4	7	2	1	9	5	8	3	6
3	1	8	7	6	4	5	9	2
9	5	6	2	3	8	4	1	7

59

6	1	4	8	9	3	5	2	7
5	9	7	2	1	4	6	3	8
2	3	8	7	6	5	4	9	1
8	6	2	9	7	1	3	5	4
3	7	1	4	5	2	9	8	6
4	5	9	3	8	6	1	7	2
7	8	6	5	4	9	2	1	3
1	2	5	6	3	8	7	4	9
9	4	3	1	2	7	8	6	5

60

9	7	5	3	6	8	1	2	4
1	2	3	9	5	4	6	7	8
4	6	8	1	7	2	5	9	3
2	8	6	5	1	3	9	4	7
7	4	1	6	8	9	3	5	2
3	5	9	4	2	7	8	6	1
8	3	4	7	9	6	2	1	5
5	9	2	8	4	1	7	3	6
6	1	7	2	3	5	4	8	9

61

7	1	2	4	3	6	9	5	8
3	5	6	8	1	9	7	2	4
9	4	8	7	2	5	6	3	1
2	7	9	5	4	3	1	8	6
1	8	4	6	9	2	3	7	5
6	3	5	1	8	7	4	9	2
5	2	1	9	7	4	8	6	3
8	6	7	3	5	1	2	4	9
4	9	3	2	6	8	5	1	7

62

6	8	1	3	7	2	5	9	4
5	4	2	9	8	6	1	3	7
3	9	7	4	1	5	8	6	2
8	7	4	5	2	9	6	1	3
9	3	6	1	4	7	2	8	5
2	1	5	8	6	3	7	4	9
4	2	8	7	9	1	3	5	6
1	6	3	2	5	4	9	7	8
7	5	9	6	3	8	4	2	1

63

8	9	6	2	7	3	5	1	4
5	7	3	4	1	8	9	2	6
1	4	2	9	6	5	7	3	8
6	5	1	3	2	7	8	4	9
3	2	7	8	9	4	1	6	5
4	8	9	6	5	1	3	7	2
2	3	4	1	8	9	6	5	7
7	1	8	5	4	6	2	9	3
9	6	5	7	3	2	4	8	1

64

7	6	5	8	4	3	9	2	1
9	4	2	1	6	5	8	3	7
3	8	1	7	9	2	5	4	6
2	1	9	4	5	7	3	6	8
6	3	8	9	2	1	7	5	4
5	7	4	3	8	6	1	9	2
4	9	6	5	7	8	2	1	3
8	2	3	6	1	9	4	7	5
1	5	7	2	3	4	6	8	9

65

8	3	5	7	2	4	6	9	1
4	1	2	9	8	6	3	5	7
9	6	7	5	1	3	4	8	2
1	2	3	8	5	9	7	6	4
6	5	8	4	7	2	1	3	9
7	4	9	3	6	1	5	2	8
3	7	1	6	9	8	2	4	5
5	9	6	2	4	7	8	1	3
2	8	4	1	3	5	9	7	6

66

8	7	6	4	2	3	1	5	9
9	4	2	1	5	7	8	3	6
3	1	5	9	6	8	7	2	4
4	5	3	7	8	1	9	6	2
7	6	8	2	4	9	3	1	5
2	9	1	5	3	6	4	7	8
1	8	4	6	7	2	5	9	3
6	3	7	8	9	5	2	4	1
5	2	9	3	1	4	6	8	7

67

6	7	4	9	8	5	1	2	3
1	8	3	2	7	4	6	9	5
5	9	2	6	1	3	8	7	4
4	1	9	5	3	8	2	6	7
2	3	8	7	9	6	4	5	1
7	6	5	1	4	2	3	8	9
8	5	1	3	6	7	9	4	2
9	2	6	4	5	1	7	3	8
3	4	7	8	2	9	5	1	6

68

2	6	3	5	9	1	7	4	8
5	4	1	7	2	8	9	3	6
8	9	7	4	6	3	1	2	5
3	2	6	9	7	4	8	5	1
1	7	9	8	3	5	4	6	2
4	5	8	6	1	2	3	9	7
9	3	2	1	5	7	6	8	4
7	8	5	3	4	6	2	1	9
6	1	4	2	8	9	5	7	3

69

4	2	3	1	5	8	6	9	7
9	6	1	3	2	7	4	5	8
7	5	8	4	9	6	1	2	3
3	1	9	5	6	2	7	8	4
6	7	5	8	4	9	3	1	2
2	8	4	7	3	1	9	6	5
1	3	2	9	7	5	8	4	6
5	9	7	6	8	4	2	3	1
8	4	6	2	1	3	5	7	9

70

8	7	9	5	6	2	3	1	4
6	4	2	1	8	3	5	7	9
1	5	3	4	9	7	8	6	2
3	9	6	7	4	5	2	8	1
7	8	4	6	2	1	9	3	5
2	1	5	9	3	8	7	4	6
5	3	7	2	1	6	4	9	8
9	2	1	8	7	4	6	5	3
4	6	8	3	5	9	1	2	7

71

4	7	8	6	5	3	2	9	1
3	1	5	9	2	7	4	8	6
6	2	9	1	4	8	3	5	7
1	5	7	2	6	4	9	3	8
9	3	4	7	8	1	5	6	2
2	8	6	5	3	9	7	1	4
7	6	3	8	9	2	1	4	5
5	9	1	4	7	6	8	2	3
8	4	2	3	1	5	6	7	9

72

2	3	9	4	5	1	7	6	8
4	1	8	6	3	7	9	5	2
6	5	7	9	2	8	4	3	1
3	9	5	7	1	4	2	8	6
8	2	4	5	9	6	1	7	3
7	6	1	2	8	3	5	4	9
9	4	2	3	6	5	8	1	7
5	8	6	1	7	9	3	2	4
1	7	3	8	4	2	6	9	5

73

9	7	2	4	6	3	1	8	5
1	4	5	7	8	2	9	6	3
8	6	3	9	5	1	4	7	2
4	8	6	3	2	5	7	9	1
5	9	7	1	4	6	3	2	8
2	3	1	8	9	7	6	5	4
3	2	8	6	7	4	5	1	9
7	1	9	5	3	8	2	4	6
6	5	4	2	1	9	8	3	7

74

9	5	6	3	4	1	8	7	2
3	7	1	8	5	2	9	6	4
2	4	8	7	9	6	3	1	5
7	9	4	1	3	5	2	8	6
8	2	5	9	6	7	1	4	3
6	1	3	2	8	4	5	9	7
5	8	7	4	1	3	6	2	9
4	3	9	6	2	8	7	5	1
1	6	2	5	7	9	4	3	8

75

3	6	1	9	2	8	4	5	7
7	9	5	4	1	3	8	6	2
8	4	2	5	6	7	1	3	9
4	2	8	1	7	6	3	9	5
9	5	6	8	3	4	2	7	1
1	3	7	2	9	5	6	4	8
6	1	3	7	8	9	5	2	4
5	8	9	6	4	2	7	1	3
2	7	4	3	5	1	9	8	6

76

3	8	7	4	9	1	2	5	6
9	6	4	2	5	3	8	7	1
5	1	2	6	7	8	3	9	4
1	9	6	8	2	7	5	4	3
2	5	8	1	3	4	7	6	9
4	7	3	5	6	9	1	8	2
7	4	1	3	8	6	9	2	5
8	3	5	9	4	2	6	1	7
6	2	9	7	1	5	4	3	8

77

6	2	5	3	7	1	4	9	8
9	3	1	4	2	8	7	6	5
7	8	4	6	9	5	2	3	1
4	7	3	8	1	6	5	2	9
5	6	8	2	3	9	1	7	4
1	9	2	7	5	4	3	8	6
8	1	7	5	6	2	9	4	3
3	4	9	1	8	7	6	5	2
2	5	6	9	4	3	8	1	7

78

2	3	7	5	9	1	8	4	6
4	8	9	7	3	6	5	2	1
1	5	6	4	2	8	9	3	7
3	9	8	6	5	7	4	1	2
7	4	1	9	8	2	6	5	3
6	2	5	3	1	4	7	8	9
5	1	4	2	7	9	3	6	8
8	7	3	1	6	5	2	9	4
9	6	2	8	4	3	1	7	5

79

2	6	9	4	5	8	3	1	7
1	5	7	2	3	6	4	8	9
8	4	3	1	7	9	2	5	6
7	9	1	8	2	4	6	3	5
4	3	6	5	1	7	9	2	8
5	2	8	6	9	3	7	4	1
3	1	4	7	6	5	8	9	2
6	8	2	9	4	1	5	7	3
9	7	5	3	8	2	1	6	4

80

3	2	1	8	5	6	4	9	7
5	9	4	7	3	1	6	2	8
8	6	7	2	4	9	3	5	1
7	3	8	9	2	5	1	6	4
9	1	5	4	6	8	7	3	2
6	4	2	1	7	3	9	8	5
2	5	3	6	1	7	8	4	9
1	8	6	5	9	4	2	7	3
4	7	9	3	8	2	5	1	6

Ultimate Killer Su Doku

81

1	8	2	7	6	5	3	9	4
5	7	3	4	9	2	6	8	1
6	4	9	8	3	1	5	2	7
2	5	6	3	4	7	9	1	8
3	1	7	9	5	8	4	6	2
8	9	4	1	2	6	7	5	3
4	2	5	6	1	3	8	7	9
7	3	1	5	8	9	2	4	6
9	6	8	2	7	4	1	3	5

82

5	2	3	4	8	9	6	1	7
1	7	8	2	5	6	3	9	4
4	9	6	3	1	7	2	5	8
9	5	7	8	6	2	1	4	3
6	1	4	5	9	3	7	8	2
8	3	2	1	7	4	5	6	9
2	4	1	9	3	5	8	7	6
7	8	9	6	2	1	4	3	5
3	6	5	7	4	8	9	2	1

83

3	8	1	6	4	9	7	2	5
7	9	2	1	5	8	4	6	3
5	6	4	2	7	3	8	1	9
2	4	7	5	9	6	3	8	1
8	5	6	7	3	1	2	9	4
1	3	9	4	8	2	6	5	7
9	7	3	8	6	5	1	4	2
4	1	8	9	2	7	5	3	6
6	2	5	3	1	4	9	7	8

84

4	1	2	9	8	7	6	3	5
8	5	3	1	6	4	2	9	7
9	6	7	3	2	5	8	4	1
7	9	5	8	1	6	4	2	3
2	4	1	5	3	9	7	6	8
6	3	8	7	4	2	5	1	9
1	7	6	2	5	3	9	8	4
5	8	4	6	9	1	3	7	2
3	2	9	4	7	8	1	5	6

85

2	9	3	6	8	7	1	4	5
6	8	4	5	3	1	9	2	7
7	5	1	2	9	4	6	8	3
1	3	6	8	7	9	4	5	2
5	4	9	1	2	3	8	7	6
8	7	2	4	6	5	3	9	1
9	1	8	7	5	6	2	3	4
4	2	5	3	1	8	7	6	9
3	6	7	9	4	2	5	1	8

86

4	5	6	8	2	7	9	3	1
1	3	8	6	4	9	7	5	2
9	7	2	5	3	1	4	6	8
7	2	3	4	6	5	1	8	9
8	6	1	9	7	3	2	4	5
5	4	9	2	1	8	6	7	3
2	8	5	7	9	4	3	1	6
6	1	4	3	5	2	8	9	7
3	9	7	1	8	6	5	2	4

87

6	1	7	2	5	3	4	8	9
5	9	8	7	6	4	1	2	3
2	3	4	9	1	8	7	5	6
9	5	6	1	8	2	3	4	7
4	8	3	5	7	6	2	9	1
1	7	2	4	3	9	5	6	8
7	2	9	8	4	1	6	3	5
8	6	5	3	2	7	9	1	4
3	4	1	6	9	5	8	7	2

88

6	5	3	7	8	9	4	1	2
1	9	7	3	2	4	8	6	5
4	2	8	5	1	6	7	3	9
7	8	9	4	5	3	6	2	1
2	6	4	8	9	1	5	7	3
5	3	1	2	6	7	9	4	8
3	1	6	9	7	8	2	5	4
8	7	5	1	4	2	3	9	6
9	4	2	6	3	5	1	8	7

89

5	1	7	8	3	9	4	2	6
2	6	9	5	1	4	3	7	8
8	4	3	7	2	6	9	1	5
3	7	2	6	4	5	8	9	1
6	9	8	2	7	1	5	3	4
1	5	4	3	9	8	7	6	2
7	8	6	9	5	2	1	4	3
4	3	5	1	6	7	2	8	9
9	2	1	4	8	3	6	5	7

90

5	6	8	7	1	4	3	9	2
9	7	4	8	2	3	5	1	6
1	2	3	5	6	9	4	8	7
4	1	2	3	9	5	7	6	8
3	8	5	6	7	2	9	4	1
7	9	6	4	8	1	2	3	5
6	5	1	9	4	7	8	2	3
8	3	9	2	5	6	1	7	4
2	4	7	1	3	8	6	5	9

91

8	4	7	2	3	9	6	1	5
5	6	3	4	8	1	9	2	7
1	2	9	7	5	6	4	3	8
4	3	8	1	6	2	7	5	9
2	7	1	5	9	4	8	6	3
9	5	6	3	7	8	2	4	1
7	9	4	6	1	5	3	8	2
3	1	2	8	4	7	5	9	6
6	8	5	9	2	3	1	7	4

92

9	6	3	2	5	8	7	1	4
8	5	4	7	9	1	2	6	3
1	7	2	4	3	6	5	8	9
3	9	5	1	6	7	4	2	8
6	2	8	3	4	9	1	7	5
4	1	7	8	2	5	9	3	6
5	8	6	9	7	2	3	4	1
7	3	9	6	1	4	8	5	2
2	4	1	5	8	3	6	9	7

93

3	6	2	5	7	8	4	1	9
5	1	9	2	4	3	8	6	7
4	7	8	1	6	9	5	2	3
1	8	3	9	5	6	2	7	4
7	2	5	3	1	4	6	9	8
6	9	4	7	8	2	1	3	5
8	3	7	6	2	5	9	4	1
9	5	6	4	3	1	7	8	2
2	4	1	8	9	7	3	5	6

94

3	9	5	7	4	8	1	2	6
8	7	4	2	6	1	3	5	9
2	6	1	9	3	5	8	4	7
1	2	3	8	9	4	6	7	5
5	4	6	1	2	7	9	8	3
9	8	7	3	5	6	4	1	2
7	5	8	6	1	9	2	3	4
4	3	9	5	8	2	7	6	1
6	1	2	4	7	3	5	9	8

95

5	9	6	7	2	4	8	3	1
1	2	3	8	9	5	4	7	6
8	4	7	1	3	6	9	5	2
7	3	9	5	8	1	2	6	4
2	6	1	4	7	3	5	9	8
4	5	8	2	6	9	7	1	3
9	1	4	3	5	8	6	2	7
6	8	2	9	1	7	3	4	5
3	7	5	6	4	2	1	8	9

96

2	6	5	7	9	3	4	8	1
1	7	4	5	2	8	6	3	9
8	9	3	6	1	4	5	2	7
5	1	8	3	4	2	7	9	6
3	4	9	1	6	7	8	5	2
6	2	7	9	8	5	3	1	4
4	3	6	2	5	9	1	7	8
7	8	2	4	3	1	9	6	5
9	5	1	8	7	6	2	4	3

97

4	3	5	6	7	1	9	2	8
9	7	2	4	3	8	1	6	5
6	8	1	9	5	2	3	7	4
3	6	8	7	1	4	5	9	2
2	1	4	3	9	5	7	8	6
7	5	9	2	8	6	4	3	1
1	9	6	5	2	3	8	4	7
5	4	3	8	6	7	2	1	9
8	2	7	1	4	9	6	5	3

98

8	4	9	1	6	2	7	3	5
3	5	6	4	7	9	1	8	2
7	2	1	8	3	5	9	4	6
6	3	5	7	9	8	4	2	1
4	9	2	3	1	6	5	7	8
1	7	8	2	5	4	3	6	9
9	6	4	5	2	7	8	1	3
2	1	7	9	8	3	6	5	4
5	8	3	6	4	1	2	9	7

99

5	1	6	2	3	8	9	7	4
8	4	3	1	9	7	2	6	5
7	2	9	6	5	4	8	3	1
9	7	1	3	8	5	4	2	6
2	3	5	4	1	6	7	8	9
4	6	8	9	7	2	5	1	3
6	9	4	7	2	1	3	5	8
3	5	2	8	6	9	1	4	7
1	8	7	5	4	3	6	9	2

100

5	9	6	8	4	2	7	1	3
1	8	2	3	9	7	4	6	5
3	7	4	6	5	1	2	9	8
4	3	1	5	8	9	6	7	2
9	5	7	2	3	6	8	4	1
6	2	8	1	7	4	5	3	9
7	4	5	9	2	3	1	8	6
8	1	9	4	6	5	3	2	7
2	6	3	7	1	8	9	5	4

Solutions

101

5	7	8	3	4	9	2	1	6
2	6	4	1	8	5	9	7	3
3	1	9	6	2	7	4	8	5
4	8	3	7	1	2	6	5	9
6	2	7	9	5	8	3	4	1
9	5	1	4	6	3	8	2	7
1	9	2	5	3	4	7	6	8
8	3	5	2	7	6	1	9	4
7	4	6	8	9	1	5	3	2

102

2	1	6	7	5	9	3	4	8
5	9	4	8	1	3	2	7	6
8	7	3	4	2	6	9	5	1
3	5	8	9	7	1	4	6	2
9	4	1	5	6	2	8	3	7
7	6	2	3	8	4	5	1	9
6	8	7	2	4	5	1	9	3
1	3	5	6	9	8	7	2	4
4	2	9	1	3	7	6	8	5

103

2	3	6	4	9	1	5	8	7
1	8	5	6	2	7	3	9	4
4	7	9	8	3	5	6	1	2
3	2	4	1	8	6	7	5	9
8	9	7	2	5	3	4	6	1
5	6	1	7	4	9	2	3	8
9	4	8	5	6	2	1	7	3
6	1	3	9	7	4	8	2	5
7	5	2	3	1	8	9	4	6

104

8	5	3	7	2	4	6	1	9
9	7	6	3	1	8	4	5	2
1	4	2	5	6	9	7	3	8
7	1	5	4	8	2	3	9	6
6	3	4	9	5	7	2	8	1
2	9	8	6	3	1	5	7	4
5	2	9	1	4	3	8	6	7
3	8	1	2	7	6	9	4	5
4	6	7	8	9	5	1	2	3

105

3	7	2	9	1	8	6	4	5
8	5	9	3	6	4	2	1	7
1	6	4	7	2	5	8	3	9
9	8	5	1	3	2	7	6	4
7	4	3	8	5	6	9	2	1
6	2	1	4	9	7	3	5	8
4	1	7	6	8	3	5	9	2
5	3	8	2	4	9	1	7	6
2	9	6	5	7	1	4	8	3

106

4	6	2	5	7	9	8	1	3
1	3	7	4	8	2	5	9	6
8	5	9	1	3	6	4	2	7
5	1	4	3	2	7	9	6	8
2	8	6	9	4	1	3	7	5
7	9	3	6	5	8	2	4	1
3	2	5	7	1	4	6	8	9
6	7	8	2	9	3	1	5	4
9	4	1	8	6	5	7	3	2

107

7	4	5	9	3	8	1	2	6
3	1	2	6	5	4	9	7	8
8	6	9	1	7	2	3	4	5
2	3	4	5	1	6	7	8	9
9	8	6	3	2	7	4	5	1
5	7	1	8	4	9	2	6	3
6	2	3	7	8	1	5	9	4
1	9	7	4	6	5	8	3	2
4	5	8	2	9	3	6	1	7

108

1	9	3	7	4	8	5	6	2
5	2	6	1	9	3	8	7	4
7	8	4	6	5	2	9	1	3
2	3	9	5	7	1	4	8	6
8	7	1	4	2	6	3	5	9
6	4	5	8	3	9	1	2	7
3	1	2	9	6	5	7	4	8
4	6	8	3	1	7	2	9	5
9	5	7	2	8	4	6	3	1

109

2	5	9	8	1	4	6	3	7
6	7	4	3	9	2	5	1	8
3	8	1	6	5	7	2	9	4
8	1	5	2	6	3	4	7	9
7	2	3	5	4	9	1	8	6
9	4	6	7	8	1	3	5	2
1	6	8	4	7	5	9	2	3
5	3	7	9	2	6	8	4	1
4	9	2	1	3	8	7	6	5

110

9	3	6	7	1	5	8	2	4
4	1	2	6	3	8	5	9	7
5	8	7	9	4	2	3	6	1
8	9	3	4	5	6	7	1	2
7	5	4	2	9	1	6	8	3
6	2	1	3	8	7	9	4	5
3	4	8	5	2	9	1	7	6
2	6	9	1	7	3	4	5	8
1	7	5	8	6	4	2	3	9

111

6	9	4	5	1	2	3	8	7
7	2	3	9	4	8	5	1	6
5	8	1	3	7	6	4	2	9
8	7	9	1	6	4	2	5	3
3	1	2	8	5	7	9	6	4
4	5	6	2	9	3	8	7	1
1	3	8	6	2	9	7	4	5
2	6	7	4	3	5	1	9	8
9	4	5	7	8	1	6	3	2

112

2	5	9	8	4	1	7	3	6
4	3	8	2	6	7	1	9	5
6	1	7	3	9	5	8	4	2
5	7	6	4	3	8	9	2	1
9	8	1	5	2	6	3	7	4
3	4	2	1	7	9	5	6	8
1	6	3	9	5	4	2	8	7
8	9	4	7	1	2	6	5	3
7	2	5	6	8	3	4	1	9

113

6	8	3	4	9	5	7	1	2
7	2	4	1	3	8	5	9	6
1	9	5	2	7	6	3	4	8
9	7	1	8	4	3	2	6	5
2	5	8	9	6	1	4	7	3
3	4	6	5	2	7	9	8	1
5	6	9	3	1	4	8	2	7
8	1	2	7	5	9	6	3	4
4	3	7	6	8	2	1	5	9

114

9	7	5	4	2	1	6	8	3
6	1	8	9	3	5	4	7	2
4	3	2	8	7	6	9	1	5
8	5	3	7	6	9	1	2	4
7	2	6	5	1	4	3	9	8
1	4	9	3	8	2	5	6	7
5	8	1	2	9	3	7	4	6
3	6	7	1	4	8	2	5	9
2	9	4	6	5	7	8	3	1

115

4	5	6	7	3	2	8	9	1
8	7	2	9	1	4	3	6	5
3	9	1	8	5	6	2	4	7
7	6	5	2	9	1	4	3	8
1	8	3	6	4	5	7	2	9
2	4	9	3	7	8	5	1	6
5	3	7	1	2	9	6	8	4
9	2	8	4	6	7	1	5	3
6	1	4	5	8	3	9	7	2

116

2	5	8	6	3	4	1	9	7
3	1	7	2	9	8	5	6	4
9	4	6	7	5	1	3	8	2
8	7	9	1	2	6	4	5	3
4	6	5	3	7	9	8	2	1
1	3	2	4	8	5	6	7	9
6	9	4	8	1	7	2	3	5
5	2	1	9	6	3	7	4	8
7	8	3	5	4	2	9	1	6

117

9	4	8	6	5	7	2	3	1
6	1	7	3	2	4	5	9	8
3	2	5	1	9	8	6	4	7
1	9	2	7	4	5	3	8	6
5	8	6	9	3	2	1	7	4
4	7	3	8	6	1	9	5	2
8	3	9	2	7	6	4	1	5
7	6	4	5	1	3	8	2	9
2	5	1	4	8	9	7	6	3

118

3	5	4	1	2	8	9	6	7
9	1	2	6	4	7	3	8	5
7	8	6	9	3	5	2	1	4
2	9	5	8	6	4	1	7	3
4	7	8	3	1	9	6	5	2
6	3	1	7	5	2	8	4	9
5	2	3	4	8	6	7	9	1
1	6	9	5	7	3	4	2	8
8	4	7	2	9	1	5	3	6

119

5	2	1	8	4	3	7	6	9
6	4	9	7	2	1	8	5	3
7	8	3	9	5	6	2	4	1
1	6	7	2	9	8	5	3	4
4	9	5	6	3	7	1	2	8
8	3	2	5	1	4	6	9	7
9	1	6	3	8	5	4	7	2
2	5	8	4	7	9	3	1	6
3	7	4	1	6	2	9	8	5

120

3	8	1	9	4	6	7	2	5
5	7	2	8	1	3	4	6	9
4	9	6	5	2	7	3	1	8
7	2	8	6	3	1	5	9	4
6	4	9	7	8	5	1	3	2
1	5	3	4	9	2	8	7	6
9	3	5	1	6	8	2	4	7
2	6	7	3	5	4	9	8	1
8	1	4	2	7	9	6	5	3

121

4	2	8	5	6	3	9	1	7
6	9	3	7	1	8	4	5	2
7	1	5	2	4	9	3	8	6
5	7	4	6	3	2	8	9	1
1	8	2	9	7	5	6	4	3
3	6	9	4	8	1	2	7	5
8	4	6	3	5	7	1	2	9
2	5	1	8	9	6	7	3	4
9	3	7	1	2	4	5	6	8

122

1	3	4	6	9	8	2	5	7
5	2	7	3	1	4	8	6	9
9	6	8	7	2	5	4	1	3
8	7	6	5	4	3	1	9	2
2	4	5	1	8	9	7	3	6
3	9	1	2	7	6	5	4	8
4	8	2	9	3	1	6	7	5
7	5	3	4	6	2	9	8	1
6	1	9	8	5	7	3	2	4

123

1	7	4	2	8	6	5	9	3
6	9	2	5	4	3	7	1	8
3	8	5	1	7	9	4	2	6
9	2	6	8	3	7	1	4	5
5	1	3	6	2	4	9	8	7
8	4	7	9	1	5	6	3	2
4	5	1	3	6	2	8	7	9
2	6	8	7	9	1	3	5	4
7	3	9	4	5	8	2	6	1

124

3	9	7	5	2	6	1	4	8
2	4	6	1	8	9	5	3	7
8	1	5	4	3	7	6	9	2
1	2	8	6	9	3	4	7	5
5	6	4	7	1	2	9	8	3
9	7	3	8	5	4	2	6	1
7	3	1	9	6	5	8	2	4
6	5	2	3	4	8	7	1	9
4	8	9	2	7	1	3	5	6

Solutions

125

4	8	3	2	9	1	6	7	5
9	2	1	7	5	6	8	4	3
6	7	5	3	4	8	1	2	9
7	1	8	5	2	4	3	9	6
2	3	6	9	8	7	4	5	1
5	9	4	6	1	3	2	8	7
8	4	9	1	3	5	7	6	2
1	5	7	4	6	2	9	3	8
3	6	2	8	7	9	5	1	4

126

9	1	6	5	8	3	4	2	7
4	5	3	9	2	7	8	1	6
2	7	8	4	1	6	5	9	3
3	6	9	8	5	2	1	7	4
1	4	5	7	3	9	2	6	8
7	8	2	1	6	4	3	5	9
6	2	1	3	7	8	9	4	5
5	3	4	6	9	1	7	8	2
8	9	7	2	4	5	6	3	1

127

5	1	7	3	4	8	9	2	6
8	3	6	9	5	2	4	7	1
2	4	9	1	6	7	3	5	8
7	2	8	6	9	3	5	1	4
3	6	1	5	7	4	2	8	9
9	5	4	8	2	1	6	3	7
1	8	2	4	3	9	7	6	5
6	9	3	7	1	5	8	4	2
4	7	5	2	8	6	1	9	3

128

2	6	8	4	9	5	1	7	3
7	9	3	2	1	8	6	4	5
4	5	1	7	3	6	2	9	8
8	4	9	5	2	1	3	6	7
1	3	7	9	6	4	8	5	2
5	2	6	8	7	3	4	1	9
3	8	5	6	4	7	9	2	1
6	7	2	1	8	9	5	3	4
9	1	4	3	5	2	7	8	6

129

2	5	4	6	8	1	7	9	3
8	1	3	5	7	9	4	6	2
7	9	6	4	3	2	8	5	1
4	6	7	9	2	3	5	1	8
9	2	8	1	6	5	3	4	7
5	3	1	8	4	7	9	2	6
1	8	2	7	9	4	6	3	5
6	4	5	3	1	8	2	7	9
3	7	9	2	5	6	1	8	4

130

5	6	9	2	3	7	1	4	8
2	1	7	8	5	4	6	3	9
4	8	3	9	6	1	5	2	7
3	7	8	4	1	6	2	9	5
6	4	2	5	8	9	3	7	1
1	9	5	7	2	3	8	6	4
8	5	4	3	7	2	9	1	6
7	2	6	1	9	8	4	5	3
9	3	1	6	4	5	7	8	2

131

8	7	1	4	3	9	6	2	5
3	6	2	7	1	5	4	8	9
9	4	5	8	2	6	7	3	1
2	8	3	5	4	7	1	9	6
4	5	6	9	8	1	3	7	2
1	9	7	3	6	2	5	4	8
7	2	9	6	5	4	8	1	3
5	1	8	2	7	3	9	6	4
6	3	4	1	9	8	2	5	7

132

2	3	7	9	1	4	8	6	5
1	6	5	3	8	7	4	9	2
8	9	4	5	6	2	1	7	3
5	8	9	7	4	6	3	2	1
3	7	6	2	5	1	9	4	8
4	1	2	8	9	3	6	5	7
7	4	8	6	3	5	2	1	9
6	2	3	1	7	9	5	8	4
9	5	1	4	2	8	7	3	6

133

9	5	3	2	1	8	6	4	7
6	1	8	7	4	3	5	9	2
2	7	4	5	9	6	3	1	8
8	9	2	1	3	7	4	5	6
5	3	6	4	2	9	8	7	1
7	4	1	8	6	5	9	2	3
4	8	7	6	5	2	1	3	9
3	6	5	9	7	1	2	8	4
1	2	9	3	8	4	7	6	5

134

7	5	1	3	8	2	9	6	4
9	4	2	6	1	7	5	8	3
3	8	6	9	5	4	7	1	2
4	9	5	2	6	1	8	3	7
1	6	8	5	7	3	4	2	9
2	7	3	4	9	8	6	5	1
8	3	9	7	2	6	1	4	5
5	1	4	8	3	9	2	7	6
6	2	7	1	4	5	3	9	8

135

5	2	6	7	3	9	8	1	4
1	4	3	5	8	6	2	9	7
7	8	9	2	1	4	3	6	5
8	5	1	3	6	7	9	4	2
6	3	2	9	4	5	1	7	8
4	9	7	8	2	1	6	5	3
9	6	8	4	5	3	7	2	1
3	7	4	1	9	2	5	8	6
2	1	5	6	7	8	4	3	9

136

2	5	4	8	1	3	7	9	6
8	7	9	4	5	6	3	2	1
1	6	3	7	2	9	8	4	5
3	1	8	2	9	5	4	6	7
6	2	7	3	4	8	5	1	9
9	4	5	6	7	1	2	3	8
5	3	6	1	8	2	9	7	4
4	9	2	5	6	7	1	8	3
7	8	1	9	3	4	6	5	2

137

2	3	1	8	7	5	6	4	9
4	6	5	1	3	9	7	2	8
9	7	8	6	4	2	1	3	5
1	4	2	3	5	7	8	9	6
7	5	9	2	8	6	3	1	4
3	8	6	4	9	1	2	5	7
8	1	7	9	2	4	5	6	3
5	2	4	7	6	3	9	8	1
6	9	3	5	1	8	4	7	2

138

3	7	2	6	5	1	4	9	8
4	9	6	3	8	7	5	2	1
5	1	8	2	9	4	3	6	7
8	2	9	4	3	5	1	7	6
6	4	3	7	1	9	8	5	2
1	5	7	8	2	6	9	3	4
9	6	1	5	4	2	7	8	3
2	3	5	1	7	8	6	4	9
7	8	4	9	6	3	2	1	5

139

3	1	5	7	6	8	2	4	9
2	7	6	9	4	1	8	3	5
9	4	8	3	2	5	6	1	7
6	5	4	8	3	7	9	2	1
7	3	9	2	1	4	5	8	6
1	8	2	6	5	9	3	7	4
5	6	7	1	8	2	4	9	3
4	2	1	5	9	3	7	6	8
8	9	3	4	7	6	1	5	2

140

9	3	6	2	8	5	1	4	7
4	2	5	1	3	7	6	9	8
8	1	7	6	4	9	3	2	5
7	5	2	3	9	4	8	1	6
6	8	4	5	2	1	7	3	9
3	9	1	8	7	6	4	5	2
2	6	8	9	1	3	5	7	4
5	7	3	4	6	2	9	8	1
1	4	9	7	5	8	2	6	3

141

2	3	8	9	4	1	6	5	7
1	6	7	3	2	5	4	8	9
9	4	5	8	7	6	3	2	1
6	8	2	1	9	4	7	3	5
4	5	9	7	3	2	8	1	6
7	1	3	5	6	8	9	4	2
3	7	4	2	1	9	5	6	8
8	9	1	6	5	3	2	7	4
5	2	6	4	8	7	1	9	3

142

9	5	7	2	3	6	8	4	1
6	2	4	1	8	9	5	3	7
3	8	1	5	4	7	2	6	9
7	1	2	6	5	4	9	8	3
4	9	6	8	7	3	1	5	2
8	3	5	9	2	1	6	7	4
2	7	9	3	6	8	4	1	5
1	6	3	4	9	5	7	2	8
5	4	8	7	1	2	3	9	6

143

5	8	7	9	6	3	2	1	4
1	4	3	7	8	2	9	5	6
6	2	9	5	1	4	8	3	7
9	1	8	6	3	7	5	4	2
4	7	5	2	9	8	1	6	3
3	6	2	4	5	1	7	9	8
8	3	6	1	2	9	4	7	5
7	5	1	8	4	6	3	2	9
2	9	4	3	7	5	6	8	1

144

2	8	5	7	4	3	1	6	9
9	7	6	1	8	5	3	4	2
4	3	1	2	9	6	8	5	7
1	6	7	3	2	9	4	8	5
8	9	3	4	5	1	7	2	6
5	2	4	8	6	7	9	3	1
3	5	8	9	7	2	6	1	4
7	4	2	6	1	8	5	9	3
6	1	9	5	3	4	2	7	8

145

4	6	3	9	1	8	5	2	7
5	2	1	7	6	3	8	4	9
9	8	7	2	5	4	3	1	6
3	1	5	8	7	2	6	9	4
2	4	6	3	9	1	7	5	8
8	7	9	5	4	6	1	3	2
1	9	4	6	3	7	2	8	5
7	3	2	4	8	5	9	6	1
6	5	8	1	2	9	4	7	3

146

5	7	3	4	1	6	2	8	9
4	1	6	8	2	9	7	5	3
2	9	8	5	3	7	6	4	1
9	4	5	6	7	1	8	3	2
8	3	1	2	9	5	4	7	6
6	2	7	3	4	8	9	1	5
3	5	2	7	6	4	1	9	8
7	6	9	1	8	3	5	2	4
1	8	4	9	5	2	3	6	7

147

5	3	1	7	2	9	8	4	6
6	9	7	8	5	4	2	3	1
8	2	4	6	3	1	9	7	5
9	7	6	5	4	2	3	1	8
3	1	5	9	8	6	4	2	7
4	8	2	1	7	3	6	5	9
2	5	8	4	9	7	1	6	3
1	4	9	3	6	5	7	8	2
7	6	3	2	1	8	5	9	4

148

5	9	2	4	7	3	6	8	1
6	3	4	1	8	9	2	5	7
7	1	8	5	2	6	9	4	3
8	5	3	2	9	1	7	6	4
2	7	6	3	5	4	1	9	8
9	4	1	7	6	8	5	3	2
4	8	5	6	1	7	3	2	9
3	2	7	9	4	5	8	1	6
1	6	9	8	3	2	4	7	5

149

3	9	6	2	7	5	8	4	1
1	7	2	8	3	4	5	9	6
4	8	5	1	9	6	7	3	2
8	2	1	4	5	3	6	7	9
9	5	3	7	6	1	4	2	8
7	6	4	9	8	2	3	1	5
5	3	7	6	2	9	1	8	4
2	1	8	5	4	7	9	6	3
6	4	9	3	1	8	2	5	7

150

9	3	6	7	4	5	1	2	8
1	8	5	2	6	3	9	4	7
7	4	2	9	8	1	5	3	6
6	2	3	8	5	7	4	1	9
5	1	8	6	9	4	3	7	2
4	7	9	1	3	2	8	6	5
3	6	1	5	7	9	2	8	4
2	5	7	4	1	8	6	9	3
8	9	4	3	2	6	7	5	1

151

8	2	5	9	6	1	3	4	7
1	3	9	7	5	4	2	8	6
7	4	6	3	2	8	1	5	9
3	7	2	6	4	9	5	1	8
6	5	4	8	1	2	9	7	3
9	1	8	5	3	7	6	2	4
2	8	7	1	9	6	4	3	5
5	9	1	4	8	3	7	6	2
4	6	3	2	7	5	8	9	1

152

7	8	5	6	4	2	1	9	3
9	1	4	5	3	7	8	2	6
3	2	6	8	1	9	4	7	5
8	3	7	1	9	6	2	5	4
2	6	9	4	5	8	7	3	1
4	5	1	2	7	3	6	8	9
6	9	8	3	2	4	5	1	7
1	4	3	7	8	5	9	6	2
5	7	2	9	6	1	3	4	8

153

2	3	7	6	5	1	4	8	9
8	9	4	2	3	7	1	6	5
1	6	5	9	8	4	7	2	3
3	4	9	8	7	6	5	1	2
7	1	8	5	4	2	3	9	6
6	5	2	3	1	9	8	7	4
4	2	3	1	9	8	6	5	7
9	7	1	4	6	5	2	3	8
5	8	6	7	2	3	9	4	1

154

8	9	6	7	2	5	4	1	3
4	3	2	6	9	1	5	8	7
7	5	1	4	3	8	9	6	2
3	7	8	1	6	4	2	9	5
2	6	4	3	5	9	8	7	1
5	1	9	8	7	2	6	3	4
9	4	7	5	1	6	3	2	8
1	2	5	9	8	3	7	4	6
6	8	3	2	4	7	1	5	9

155

8	6	2	4	7	9	5	1	3
3	4	1	5	6	8	2	7	9
7	9	5	3	1	2	6	8	4
9	8	4	2	3	7	1	6	5
6	1	7	9	5	4	8	3	2
5	2	3	1	8	6	9	4	7
1	7	9	8	4	5	3	2	6
4	5	8	6	2	3	7	9	1
2	3	6	7	9	1	4	5	8

156

6	2	9	7	1	5	8	3	4
3	7	8	4	2	9	6	5	1
5	4	1	8	3	6	2	9	7
7	6	5	3	9	4	1	2	8
9	1	3	2	6	8	7	4	5
4	8	2	1	5	7	3	6	9
2	5	4	6	8	1	9	7	3
8	3	7	9	4	2	5	1	6
1	9	6	5	7	3	4	8	2

157

9	5	7	4	8	2	6	1	3
2	4	3	1	6	5	8	9	7
6	8	1	7	3	9	4	2	5
4	7	9	8	5	6	1	3	2
1	2	6	3	9	7	5	8	4
5	3	8	2	1	4	9	7	6
7	6	2	9	4	1	3	5	8
8	9	4	5	2	3	7	6	1
3	1	5	6	7	8	2	4	9

158

4	8	9	3	1	6	5	2	7
5	1	6	2	4	7	8	3	9
3	2	7	8	5	9	4	1	6
1	3	2	4	9	8	6	7	5
9	4	5	7	6	3	2	8	1
7	6	8	1	2	5	9	4	3
8	5	1	9	3	2	7	6	4
2	9	4	6	7	1	3	5	8
6	7	3	5	8	4	1	9	2

159

8	6	7	2	3	9	1	5	4
5	4	2	8	6	1	7	3	9
3	1	9	5	4	7	6	2	8
1	2	4	9	5	6	3	8	7
9	5	8	7	1	3	2	4	6
6	7	3	4	8	2	9	1	5
4	9	1	3	7	5	8	6	2
7	3	5	6	2	8	4	9	1
2	8	6	1	9	4	5	7	3

160

1	3	9	5	6	7	2	8	4
6	4	8	3	2	9	7	5	1
2	7	5	4	1	8	3	9	6
5	8	2	1	7	3	6	4	9
3	9	4	2	5	6	8	1	7
7	6	1	8	9	4	5	3	2
8	5	6	7	4	1	9	2	3
4	2	7	9	3	5	1	6	8
9	1	3	6	8	2	4	7	5

161

9	3	4	7	2	8	5	6	1
5	8	7	3	1	6	2	4	9
2	1	6	5	4	9	8	7	3
3	5	8	2	7	1	4	9	6
6	4	9	8	3	5	7	1	2
7	2	1	9	6	4	3	5	8
8	7	5	6	9	3	1	2	4
1	6	3	4	5	2	9	8	7
4	9	2	1	8	7	6	3	5

162

1	8	5	3	4	9	2	6	7
3	6	7	5	8	2	1	4	9
2	9	4	7	6	1	3	8	5
9	4	8	2	3	6	7	5	1
7	3	1	9	5	8	4	2	6
5	2	6	4	1	7	8	9	3
8	7	2	1	9	5	6	3	4
6	5	3	8	7	4	9	1	2
4	1	9	6	2	3	5	7	8

163

8	2	5	4	7	6	1	9	3
4	6	7	9	3	1	2	8	5
3	1	9	8	5	2	6	7	4
9	4	6	5	2	3	8	1	7
1	5	3	6	8	7	9	4	2
7	8	2	1	9	4	3	5	6
6	7	8	2	4	9	5	3	1
5	3	1	7	6	8	4	2	9
2	9	4	3	1	5	7	6	8

164

2	9	8	3	6	5	7	1	4
6	4	5	2	1	7	9	8	3
3	7	1	9	4	8	5	2	6
8	5	7	4	3	9	2	6	1
9	2	4	6	5	1	3	7	8
1	3	6	8	7	2	4	5	9
5	8	2	1	9	4	6	3	7
4	1	3	7	2	6	8	9	5
7	6	9	5	8	3	1	4	2

165

7	5	3	8	6	2	9	1	4
2	6	1	7	9	4	8	3	5
8	4	9	1	5	3	7	6	2
3	2	8	5	7	9	1	4	6
5	9	6	2	4	1	3	8	7
1	7	4	6	3	8	2	5	9
4	8	5	9	1	7	6	2	3
6	1	7	3	2	5	4	9	8
9	3	2	4	8	6	5	7	1

166

6	4	7	9	8	1	3	5	2
2	9	5	3	7	6	1	8	4
3	1	8	4	5	2	9	7	6
9	8	2	6	3	7	5	4	1
1	7	4	5	2	8	6	9	3
5	3	6	1	9	4	8	2	7
8	6	1	2	4	5	7	3	9
7	2	3	8	6	9	4	1	5
4	5	9	7	1	3	2	6	8

167

7	3	2	1	9	5	8	6	4
4	5	1	8	6	2	7	9	3
9	6	8	3	4	7	2	5	1
2	8	4	5	1	3	6	7	9
3	9	7	2	8	6	4	1	5
6	1	5	4	7	9	3	2	8
8	7	3	6	5	1	9	4	2
1	4	9	7	2	8	5	3	6
5	2	6	9	3	4	1	8	7

168

4	5	9	6	2	8	1	7	3
6	7	8	1	9	3	2	5	4
3	2	1	5	4	7	6	9	8
7	9	3	4	8	2	5	1	6
8	6	2	3	5	1	9	4	7
1	4	5	9	7	6	3	8	2
2	3	4	8	1	9	7	6	5
9	8	7	2	6	5	4	3	1
5	1	6	7	3	4	8	2	9

169

8	1	4	6	7	5	2	3	9
5	7	2	3	9	4	1	8	6
9	6	3	1	2	8	5	4	7
1	2	7	9	4	6	3	5	8
4	5	9	7	8	3	6	1	2
6	3	8	2	5	1	9	7	4
2	9	5	8	1	7	4	6	3
7	4	6	5	3	2	8	9	1
3	8	1	4	6	9	7	2	5

170

9	1	5	3	2	4	7	8	6
8	3	7	1	6	5	2	9	4
4	2	6	8	7	9	1	3	5
2	9	8	5	1	3	4	6	7
3	7	1	2	4	6	9	5	8
5	6	4	7	9	8	3	1	2
6	5	2	9	3	7	8	4	1
7	8	3	4	5	1	6	2	9
1	4	9	6	8	2	5	7	3

171

8	3	5	1	6	9	7	4	2
1	7	2	4	5	3	8	6	9
6	4	9	8	2	7	5	1	3
3	2	8	9	7	1	6	5	4
4	9	6	2	8	5	1	3	7
5	1	7	3	4	6	9	2	8
9	8	3	6	1	2	4	7	5
7	6	4	5	3	8	2	9	1
2	5	1	7	9	4	3	8	6

172

9	8	4	3	2	6	1	7	5
1	5	6	8	7	4	9	3	2
7	2	3	5	1	9	4	6	8
4	6	8	2	5	3	7	9	1
2	1	9	6	8	7	3	5	4
3	7	5	4	9	1	2	8	6
6	3	7	1	4	5	8	2	9
8	9	1	7	6	2	5	4	3
5	4	2	9	3	8	6	1	7

173

6	5	7	1	9	8	2	3	4
2	4	1	6	5	3	7	9	8
8	9	3	4	7	2	6	1	5
7	6	4	8	2	9	1	5	3
5	1	9	3	6	4	8	2	7
3	8	2	5	1	7	9	4	6
9	2	6	7	4	5	3	8	1
4	7	8	2	3	1	5	6	9
1	3	5	9	8	6	4	7	2

174

5	1	4	9	2	8	6	7	3
6	3	2	5	4	7	8	1	9
9	8	7	6	1	3	4	2	5
8	4	1	7	3	9	5	6	2
2	6	3	1	5	4	7	9	8
7	5	9	2	8	6	3	4	1
3	9	8	4	7	1	2	5	6
4	2	6	3	9	5	1	8	7
1	7	5	8	6	2	9	3	4

175

8	6	9	5	1	4	2	3	7
4	7	2	6	3	8	5	9	1
3	5	1	2	9	7	4	8	6
2	3	8	4	6	5	1	7	9
1	4	7	9	8	2	3	6	5
6	9	5	1	7	3	8	4	2
5	8	6	7	4	1	9	2	3
9	1	4	3	2	6	7	5	8
7	2	3	8	5	9	6	1	4

176

2	9	1	7	6	4	5	3	8
4	3	8	9	1	5	7	6	2
6	5	7	3	2	8	4	1	9
9	4	2	6	3	1	8	5	7
5	7	3	8	4	2	1	9	6
8	1	6	5	9	7	2	4	3
7	8	9	1	5	6	3	2	4
1	6	4	2	8	3	9	7	5
3	2	5	4	7	9	6	8	1

177

5	2	3	9	4	7	6	1	8
4	9	7	1	6	8	3	5	2
8	1	6	5	3	2	7	4	9
1	3	9	8	5	6	4	2	7
7	6	8	4	2	9	5	3	1
2	5	4	7	1	3	9	8	6
9	7	5	2	8	4	1	6	3
3	4	2	6	9	1	8	7	5
6	8	1	3	7	5	2	9	4

178

5	2	8	9	6	4	3	7	1
7	3	6	1	2	5	4	8	9
9	4	1	8	3	7	5	6	2
6	8	2	3	4	1	9	5	7
1	7	5	6	8	9	2	4	3
4	9	3	7	5	2	6	1	8
3	1	4	2	7	6	8	9	5
8	6	7	5	9	3	1	2	4
2	5	9	4	1	8	7	3	6

179

9	5	8	4	1	6	2	7	3
7	6	4	2	8	3	1	9	5
3	2	1	7	9	5	8	6	4
8	7	5	1	6	9	3	4	2
6	4	3	5	2	8	9	1	7
1	9	2	3	4	7	6	5	8
4	3	9	6	5	2	7	8	1
2	1	6	8	7	4	5	3	9
5	8	7	9	3	1	4	2	6

180

8	6	4	9	7	1	2	3	5
2	9	7	5	8	3	1	6	4
1	5	3	2	4	6	7	8	9
5	2	9	6	3	8	4	7	1
4	8	1	7	9	2	3	5	6
7	3	6	4	1	5	8	9	2
6	1	5	3	2	7	9	4	8
3	4	8	1	6	9	5	2	7
9	7	2	8	5	4	6	1	3

181

3	4	6	7	2	8	1	9	5
7	8	5	3	9	1	4	2	6
2	1	9	5	4	6	3	8	7
8	2	4	1	5	3	6	7	9
6	9	3	4	7	2	5	1	8
5	7	1	6	8	9	2	4	3
1	3	2	9	6	7	8	5	4
9	5	8	2	3	4	7	6	1
4	6	7	8	1	5	9	3	2

182

6	5	3	2	1	9	8	7	4
4	2	1	8	7	5	3	9	6
7	8	9	6	4	3	2	1	5
1	4	5	3	2	7	9	6	8
2	7	8	9	5	6	1	4	3
9	3	6	1	8	4	7	5	2
5	9	2	4	3	1	6	8	7
8	6	7	5	9	2	4	3	1
3	1	4	7	6	8	5	2	9

183

6	1	3	7	4	8	9	2	5
2	8	4	9	5	6	1	3	7
5	7	9	2	1	3	8	6	4
9	6	1	5	3	2	7	4	8
3	4	2	1	8	7	5	9	6
7	5	8	6	9	4	2	1	3
4	3	7	8	2	9	6	5	1
8	2	5	3	6	1	4	7	9
1	9	6	4	7	5	3	8	2

184

1	3	2	9	7	8	4	6	5
5	4	7	6	1	2	8	3	9
6	9	8	4	3	5	7	1	2
7	6	1	5	2	3	9	4	8
2	8	4	1	9	6	3	5	7
3	5	9	8	4	7	6	2	1
4	7	5	2	6	9	1	8	3
9	2	6	3	8	1	5	7	4
8	1	3	7	5	4	2	9	6

185

5	9	6	7	2	4	1	3	8
1	3	7	8	5	6	2	9	4
4	8	2	3	9	1	7	6	5
3	4	9	1	6	7	8	5	2
6	5	1	4	8	2	9	7	3
7	2	8	9	3	5	4	1	6
2	1	3	5	4	9	6	8	7
8	7	4	6	1	3	5	2	9
9	6	5	2	7	8	3	4	1

186

2	9	8	6	1	7	4	5	3
5	3	6	4	2	8	9	7	1
4	7	1	3	5	9	2	8	6
8	1	9	7	6	2	3	4	5
7	4	5	9	3	1	8	6	2
6	2	3	5	8	4	1	9	7
9	6	2	1	4	5	7	3	8
1	5	7	8	9	3	6	2	4
3	8	4	2	7	6	5	1	9

187

6	5	9	4	3	1	8	7	2
3	7	4	6	2	8	1	5	9
2	8	1	9	7	5	4	6	3
1	6	2	5	4	9	3	8	7
7	9	3	2	8	6	5	1	4
5	4	8	7	1	3	2	9	6
9	3	5	1	6	4	7	2	8
4	1	7	8	9	2	6	3	5
8	2	6	3	5	7	9	4	1

188

1	9	6	8	2	5	3	7	4
8	3	4	6	1	7	5	9	2
5	2	7	9	4	3	1	6	8
3	7	2	4	5	8	6	1	9
9	1	5	2	7	6	8	4	3
4	6	8	1	3	9	2	5	7
7	5	9	3	6	2	4	8	1
2	8	1	5	9	4	7	3	6
6	4	3	7	8	1	9	2	5

189

1	8	2	5	7	4	9	6	3
9	3	4	6	8	1	2	5	7
7	6	5	9	3	2	8	1	4
5	9	8	4	6	7	1	3	2
6	1	3	2	9	5	7	4	8
2	4	7	3	1	8	6	9	5
4	7	1	8	5	9	3	2	6
8	5	6	1	2	3	4	7	9
3	2	9	7	4	6	5	8	1

190

8	2	3	6	9	7	5	1	4
1	7	4	5	8	3	6	9	2
5	6	9	2	1	4	8	3	7
4	9	5	3	2	8	7	6	1
7	8	6	9	4	1	3	2	5
3	1	2	7	6	5	4	8	9
6	3	7	1	5	2	9	4	8
2	5	8	4	3	9	1	7	6
9	4	1	8	7	6	2	5	3

191

2	9	8	1	6	7	3	4	5
6	5	1	3	2	4	8	7	9
7	4	3	8	9	5	2	6	1
3	7	6	5	4	9	1	2	8
5	1	9	7	8	2	4	3	6
8	2	4	6	1	3	9	5	7
4	8	7	2	5	1	6	9	3
9	6	5	4	3	8	7	1	2
1	3	2	9	7	6	5	8	4

192

6	3	2	8	1	9	7	4	5
7	9	5	3	4	2	1	6	8
4	8	1	5	7	6	9	2	3
3	5	9	7	6	1	2	8	4
2	7	6	4	8	5	3	9	1
8	1	4	2	9	3	5	7	6
5	6	3	9	2	8	4	1	7
9	4	8	1	3	7	6	5	2
1	2	7	6	5	4	8	3	9

193

4	9	3	5	1	7	2	8	6
8	5	7	6	2	3	9	1	4
2	1	6	4	9	8	5	7	3
5	6	8	1	7	4	3	2	9
9	4	2	8	3	6	1	5	7
7	3	1	2	5	9	4	6	8
1	7	9	3	6	5	8	4	2
6	2	4	9	8	1	7	3	5
3	8	5	7	4	2	6	9	1

194

5	8	6	7	9	3	1	4	2
7	2	4	8	5	1	9	6	3
3	9	1	2	6	4	7	8	5
2	1	5	4	7	9	6	3	8
8	4	7	5	3	6	2	9	1
6	3	9	1	8	2	5	7	4
9	7	2	3	1	8	4	5	6
1	5	8	6	4	7	3	2	9
4	6	3	9	2	5	8	1	7

195

1	6	2	8	9	7	3	4	5
3	4	5	1	6	2	7	8	9
9	8	7	4	3	5	2	6	1
6	1	9	3	7	4	5	2	8
2	5	3	6	1	8	4	9	7
4	7	8	5	2	9	1	3	6
8	9	1	7	4	3	6	5	2
7	2	4	9	5	6	8	1	3
5	3	6	2	8	1	9	7	4

196

6	9	3	8	1	7	2	5	4
7	2	1	9	4	5	3	8	6
5	8	4	6	3	2	9	1	7
3	5	9	2	7	4	1	6	8
8	1	7	5	6	3	4	2	9
4	6	2	1	8	9	7	3	5
2	7	8	3	9	6	5	4	1
1	4	5	7	2	8	6	9	3
9	3	6	4	5	1	8	7	2

197

2	3	7	1	5	8	9	4	6
6	1	8	4	2	9	3	5	7
9	4	5	3	7	6	8	1	2
8	7	4	2	1	3	6	9	5
1	9	2	8	6	5	4	7	3
3	5	6	7	9	4	2	8	1
5	6	1	9	8	2	7	3	4
4	2	9	5	3	7	1	6	8
7	8	3	6	4	1	5	2	9

198

7	5	8	3	1	4	9	2	6
3	9	4	7	2	6	5	8	1
1	6	2	9	8	5	7	4	3
6	3	5	1	4	8	2	9	7
8	2	7	6	3	9	4	1	5
9	4	1	5	7	2	3	6	8
2	8	6	4	5	3	1	7	9
4	1	3	8	9	7	6	5	2
5	7	9	2	6	1	8	3	4

199

9	4	3	2	6	1	5	8	7
7	6	5	8	9	3	4	1	2
2	1	8	4	5	7	6	9	3
5	3	6	7	8	9	2	4	1
4	7	2	1	3	5	8	6	9
8	9	1	6	2	4	3	7	5
6	5	9	3	1	8	7	2	4
3	2	7	9	4	6	1	5	8
1	8	4	5	7	2	9	3	6

200

6	4	2	8	5	7	9	3	1
1	3	5	9	6	2	7	8	4
7	9	8	3	4	1	6	2	5
3	5	7	1	8	4	2	9	6
8	6	1	2	7	9	4	5	3
9	2	4	6	3	5	8	1	7
2	8	3	7	1	6	5	4	9
5	7	9	4	2	3	1	6	8
4	1	6	5	9	8	3	7	2

Notes

Notes